お店やろうよ！シリーズ㉘

はじめての カラーミーショップ オープンBOOK

《ネットショップ開業&運営》

技術評論社

Special Interview

カラーミーショップで広がるネットショップの可能性

若林剛之さん

SOU･SOU（京都府）
http://www.sousou.co.jp/

地下足袋、和服、和雑貨を独自のテキスタイルを使った
個性的なデザインで現代に再提案し続けている「ＳＯＵ・ＳＯＵ」。
ユニクロをはじめとする大手企業とのコラボでも多くの話題を呼んでいる。
2007年にオープンしたネットショップも順調に規模を拡大し、2015年の
「カラーミーショップ大賞2015」で大賞を受賞した
「ＳＯＵ・ＳＯＵ」のプロデューサー・
若林剛之氏に、カラーミーショップの魅力、
ネットショップの面白さについて伺った――

コストを抑えるため カラーミーショップを選んだ

――まず、ネットショップを始めた経緯を教えてください。

若林（以下、若） たまたまパソコンが得意なスタッフがおりまして「パソコンでできる仕事やろか？　あ、ネットショップええやん」くらいの軽いノリで始めました。

――そのとき、なぜカラーミーショップを選んだのでしょうか。

矢寺（以下、矢） とにかく初期費用、ランニングコストが、同じことができるサービ

左／ネットショップ担当の矢寺和成さん
右／プロデューサーの若林剛之さん

スよりもかなり安かった。最初は儲かるのかもわかりませんでしたから、コストをできるだけ抑えたかったわけです。

——いきなり儲かると思われていたわけじゃないんですね。

若　どちらかというと、じつは私はネットショップには否定的でした。色も生地感もとてもこだわって作っているのに、それを触ることなく、お客様は買うわけです。「そんなアホな!」と思いました。実際、最初に売れたのは座布団でしたしね（笑）ああ、こういう物ならありだなと思いました。

——それが今では、すばらしいクオリティのネットショップになっています。

若　時間が経つにつれて、ネットショップの重要さを感じるようになってきたんです。というのも、SOU・SOUは、既存のファッションジャンルに当てはめることができないスタイルなので「ここに載りたい!」といった雑誌やメディアがないんです。そうなると、自分たちで発信するしかない。

——たしかに、SOU・SOUさんとマッチする既存のファッション雑誌はないかもしれません。

若　インターネットでは、共

通の趣味や悩みを持っている人たちが、離れていてもコミュニケーションできます。地元では少数派だった人たちがかんたんに繋がることができますよね。そう考えると、大きな売上をすぐに出さなくても「こだわったものをつくってインターネットで発信すれば、ひとつのネットワークのようなものをつくれるな」と思いました。

――2007年にネットショップを始められたわけですが、当時、その視点をもっていたネットショップは少なかったと思います。「SOU・SOU」のような個性的なブランドには、ネットショップとの親和性が高かったのかもしれません。

若 そうですね。私たちは、他人のメディアにのって、売れる売れないを左右されるのではなく、自力集客できる自立した会社になりたかった。それは今も変わりません。「インターネットなら、それができる」と考えてからは「ネットショップできちんと面白いページさえつくれば、あとは見に来てくれる人を増やすだけだ」という考えで運営するようになりました。

リアリティの時代だから ブログによる発信は お客様に親近感を与える

――ショップのブログは毎日更新されています。

矢 私たちはブログも接客のひとつだと考えています。ブログでは、スタッフがモデルになり、それを見たお客様が実際にお店に来店されたときに、「知ってる人だ」と親近感を持っていただけると思います。

――ブログは、スタッフのみなさんの日常を垣間見る感じがいいですね。自分たちとは別世界のモデルさんが着た服はたしかにカッコイイですが、自分たちが着たときのことをイメージできなかったりします。ところが、本職のモデルではないスタッフのみなさんやそのご家族が身に着けると、

毎日更新しているブログでは、商品紹介だけでなく、若林さんやスタッフの投稿もあり、読み応えがある。

“日常”がベースになっているので、「自分が身に着けたらどうなるか」がイメージしやすいと思います。

若 今は、リアリティの時代です。かっこつけて無理してもそこのリアリティがないことは、すぐばれてしまいます。80年代、90年代のファッションはもっと気取っていましたけど、21世紀はもっとリアリティが求められているでしょうし、そのほうが現代的です。また、共感もされると思います。だから商品はとことんこだわるけど、ブログは日常にあったことを自然に書いています。ただ、スタッフには「あんまり飲みに行った写真ばっかりアップしんといてや、SOU・SOUの人は酒飲みばかりと思われるから」と言ってますけどね（笑）

――ブランドのイメージを考えると、裏方の人や工場を出すのに勇気がいりませんか？

若 そもそもブランドイメージはあんまり気にしていません。たとえば、“30代の働く女性がターゲット”ではなくて「好きな人、どーぞ」でいいと思ってます。

――最初に大きく話題になったのは「地下足袋」でした。そのときも同じ気持ちだったんですか。

若 まさに、これまでにな

SOU・SOUは、京都の新京極周辺に9店舗、東京・青山、米サンフランシスコに店舗を構える。

い地下足袋をつくったときに、自分たちが今まで見てなかったターゲットが「山盛りあった」と気付かされました。ターゲットという発想が不要だと思ったんです。それまでのビジネスで見ていたのは全体の5％くらいで、残りの95％がターゲットとしているんや！ となって視野が広がりました。もちろん和装が好きな子もいれば、かわいいファッションが好きな子だったり、おばちゃんに気に入ってもらえたり。さらには、香港や台湾などのデザイナーズブランドにも、先が割れた履物って相性がよかったりしますし。訪日外国人は、もう全員ターゲットです。

さまざまなジャンルの企業とのコラボグッズ

――SOU・SOUさんは、ユニクロや le coq sportif（ルコックスポルティフ）などのファッションブランドに止まらず、グリコや宇治田原製茶場といった食品まで幅広くコラボレーションをされています。それもターゲットがないことに関係しますか。

若　そうですね。そもそも、コラボは先方から来たオファーに、全部乗っかっているだけです。

――全部乗っかっただけなんですか。

地下足袋などを扱う「SOU・SOU足袋」。一度見たら忘れないほどの印象的な外観だ。

若　そうです。正確には、オファーをいただいたら、こちらから先方の提案を上回るような、より良い企画になるようにしています。自社だけでは何か「足りない」と感じて、弊社のデザインを組み合わせることで「完成する」とイメージしているから、コラボをオファーしてくるわけです。オファーをいただいたパートナーさんの、そのイメージを凌駕するような、よりそのアイテムを魅力的にする提案をできるように心がけています。

成功の秘訣は辛いことがあっても“続けること”

——長く和服を手がけていらっしゃいますが、昨今はインバウンド（訪日外国人旅行）が増え、国内でも日本ブームが起こっています。そのなかで、伝統工芸に興味を持ち、新しいビジネスにしたいと考えている人も増えていると思います。

若　いいことだと思います。特に、後継者がいなくてなくなってしまうところも多いので、若者にはどんどん参入してほしい。しかし、一方で時代の波から大きく外れて廃れていっているものを仕事にするのなら、「それなりの覚悟を持てよ」とは思いますね。まず続けること。しんどいときもあるかもしれませんけど、口べ

写真上・下／「SOU・SOU足袋」の店内。カラフルな店内に入ると、目移りしてしまい、時の流れを忘れてしまいそうだ。

タな師匠や親方かもしれませんけど、頼まれたことをまずはやってみるのが大切ではないでしょうか。やってみないと好きかどうかもわかりません。それにどんな仕事でも、一生懸命にやったら、大概は楽しくなってくるものです。私は、好きなことを仕事にするのは素晴らしいと思いますが、一方で頼まれた仕事をやるのも同じくらい素晴らしいことだと思っています。

――それが日本の伝統文化を継承するとかだと、日本全体がよくなりますね。

若　日本はまだまだ自分たちの文化を売るのが下手です。いいものはあるけど、文化的な発信力が弱い。だから、若い人がこれからビジネスをやっていくときに、文化的な背景があるものをどんどん商売にすることで日本全体がぐっと盛り上がると思います。

カラーミーショップを使えば、それが可能になります。私は、好きなことを仕事にして、カラーミーショップのおかげで可能性を大きく広げることができました。これから始めようと思っている人も、まずネットショップづくりを始めてみるといいと思います。そして、未来にワクワクしながらネットショップづくりをしていけば、おのずと道は拓けてくるような気がします。

PROFILE

若林剛之

Wakabayashi Takeshi

若林株式会社 代表取締役社長
ＳＯＵ・ＳＯＵプロデューサー

1967年、京都生まれ。
高校卒業後、日本メンズアパレルアカデミーでオーダーメイドの紳士服を学んだ後、1988年（株）ファイブフォックス入社。1993年まで企画パターンを担当する。退社後、渡米。1994年に自身で買い付けした商品を扱うセレクトショップをオープン。1996年オリジナルブランドＲＦＰを立ち上げる。現在は、ＳＯＵ・ＳＯＵのプロデューサーとして活動の場を広げている。2008年4月京都造形大学准教授として就任。

読者だけのプレゼント

本書読者は初期費用無料！

https://shop-pro.jp/news/colormeshopbook_2016/

初期費用3,000円（税別）→ 無料に！

上記URLの申し込みフォームからのお申込み分は、
初期費用3000円（税別）が無料になります。

CONTENTS

PART 1

ネットショップを開店するために必要な知識……17

PART 2

ネットショップをかんたんにつくれるカラーミーショップ……37

PART 3

10ステップでかんたんネットショップ開店……51

PART 5

自分のショップをプロモーションしよう

ネットショップを開店するために必要な知識

ネットショップをつくりたいという思いだけでは
開店までこぎつけられません。
何を売りたいのか、どんなショップにしたいのかを、
ショップ作成前に整理しましょう。
明確な目的とイメージをもつことが
ショップ成功のカギになります。

PART 1

ネットショップのメリット

日本はもとより世界中からお客様を集められる

「ネットショップ」とは、インターネット上でモノやサービスを販売するお店のことです。PCでショップをつくり、インターネット上に公開してお客様から注文を受け、商品をお客様に発送します。

実店舗をもつショップのお客様は、直接ショップに足を運べる人が主体ですが、インターネット上に公開するネットショップは、日本はもちろん、インターネットを閲覧できる世界中の人がお客様になる可能性を秘めています。

実店舗では人口が多い都市部にあるショップが地方のショップより圧倒的に集客面で有利ですが、ネットショップならそういった有利不利はありません。

たとえば、「お店を開きたい」けれど、地方在住なので難しいと思っていたとしても、ネットショップであれば、今どこに住んでいるかを気にすることなく、その夢を叶えることができるのです。

また、これまではお店を開きたくても、初期コストが大きすぎて、二の足を踏む人がほとんどでした。実店舗の開店には、店舗を借り、店員を雇うなど、数百万単位の多額の初期コストが必要だったからです。しかし、**ネットショップであれば、実店舗をもつ必要がなく、必ずしも人を雇う必要もないため、より少ない初期コストで開店することができます。**

さらに、近年はネットショップをかんたんにつくれる「ネットショップ開店支援サービス」も出てきています。こうしたサービスを使えば、パソコンが苦手な人や専門知識がない人でもかんたんにネットショップを開けるようになっています。

こうした環境の変化により、従来なら難しかった「自分が撮った写真を使ったポストカードを売ってみたい」「自作のアクセサリーを販売したい」といった趣味の延長線上のお店を、ネットショップでつくる人が増えてきているのです。

「低コスト」で「出店地域を選ばない」ネットショップの登場で誰もがお店をもてる時代になったのです。

ネットショップのしくみ

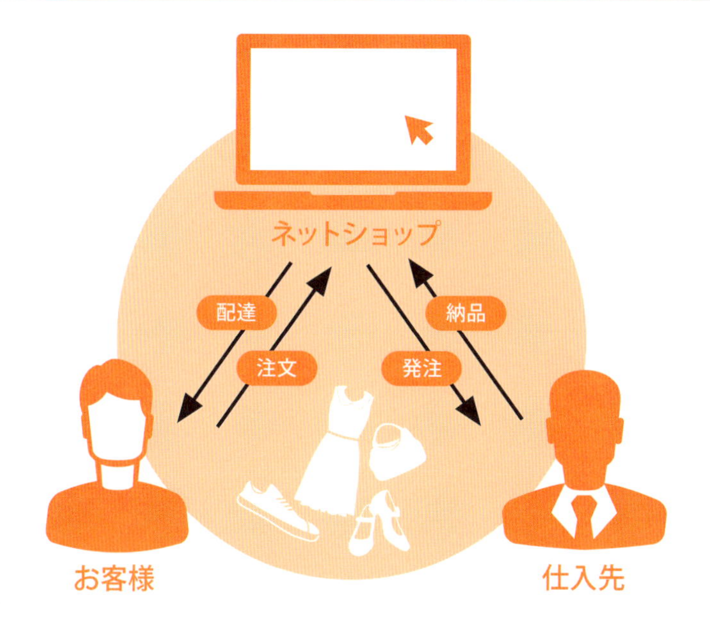

お客様
お客様
お客様

実店舗に来られる人しか買えない

ネットショップ

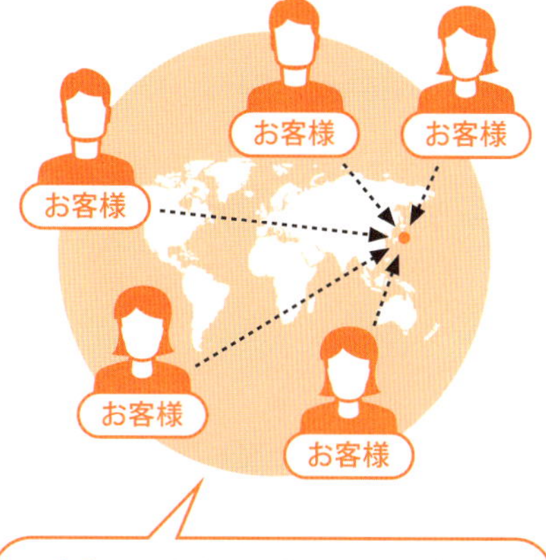

日本全国はもとより世界中の人が買える

PART 1

ネットショップのデメリット

ネットショップのデメリットとは？

ネットショップを始める前に、実店舗との違い、そのデメリットも理解しておきましょう。

18ページで説明したように、ネットショップは、初期費用が抑えられることや日本全国、もっといえば全世界の人々に対して365日24時間、ショップをオープンできるのが強みです。

しかし、メリットばかりではありません。ネットショップを始める前にメリットだけでなく、そのデメリットについても知っておきましょう。

あなたがネットショップを利用するとき、「どのお店がいちばん安いだろうか」と検索機能を使って、欲しいと思っている商品がいちばん安いショップを探した経験はないでしょうか。

ネットショップのお客様はインターネットを使って買い物をします。ネットの検索機能を使えば、より低価格で販売しているショップをかんたんに探すことができます。

つまり、同様の商品を扱うショップがある場合は、より魅力的な価格を設定する必要があります。つまり、**自分の利益を削ってでも安い価格でないとお客様に見向きもされない可能性が高い**ということです。

もうひとつのデメリットは、**ネットショップでは、実店舗のように、お客様は見て触れて購入を決断できません。**高額商品になるほど実物を見ずに商品を買うのは抵抗があるはずです。またショップ側からしても、商品を購入するお客様の反応を直接確かめられないのはデメリットです。

また、**ネットショップには「発送」というプロセスが必ず発生します。**送料や届くまでの時間がかかるので、お客様の購入意欲をそぐ可能性があります。

お客様にとって、どんな人が売っているかが見えづらいのもデメリットです。信頼できるショップかを判断する手がかりが少ないため、いかにお客様から信用を得るかを考える必要があります。

実店舗とネットショップのおもな違い

	実店舗	ネットショップ
イニシャルコスト（初期費用）	実店舗の保証金、賃料前払い、内外装費など高額	店舗が必要ない分、安く済む
ランニングコスト（運営費用）	店舗の賃料、光熱費、店員の給与など高額	月数千円のシステム利用料のみ
送料	不要	必須
営業時間	限られている場合が多い	24時間
販売エリア	実店舗の周辺	全世界
商品の受け渡し	直接手渡し	配送
購入前のお客様の商品の確認	可能	不可
お客様の問い合わせ	その場で直接対応	メール・電話での対応
お客様のクレーム	少ない	やや多い

PART 1

ネットショップ開店の目的・目標を明確にする

ネットショップを開く動機を明確にするのが大事

ただなんとなく「お店をつくりたい」という気持ちでは、ネットショップづくりはうまくいきません。**ネットショップを開くにあたって、まず、「何のためにショップをつくるか」という目的を考えましょう。**

たとえば、自分でつくった作品を趣味の一環として売り出したい人と、本業としてネットショップを運営したい人とでは、ネットショップのつくり方はおのずと違ってきます。

「何のために」という「目的」をしっかりもたないと、せっかくネットショップをつくっても長続きしませんので、ネットショップを開店する目的をはっきりさせましょう。

目標をもつことで意欲が持続する

目的がはっきりしたら、目標を設定しましょう。

たとえば、趣味でつくった作品を売りたいなら、「まず10作品を販売する」といったように実現できると思える目標を設定するわけです。

一方、ネットショップを本業にしようと考えている人の目標は、趣味でネットショップを始めようとする人の目標とは設定が変わってくるはずです。仕事として続けるには一定の売り上げ、利益を上げ続けなければ、ショップ運営を継続できないからです。

ショップをつくる目的に合った目標を立てれば、その目標を目指す意欲は高まるはず。逆にいえば、目標がなければ、次第に熱意は薄れてしまうでしょう。

ネットショップを始めれば、お客様に対する責任が発生します。誠実な対応ができなければ、お客様から信頼を得られないだけでなく、お客様に失礼になるため、店主としての自覚についても考えましょう。軽い気持ちで始めたものの、のちにその責任感に耐えられなくなったり、最低限の責任を全うできなければ、お客様にも迷惑をかけてしまいます。

ネットショップをつくる目的と目標を明確にする

Q どうしてネットショップをつくる?

ネットショップで大儲けしたい

自分の作品を全世界に売りたい

思い入れのある○○○をもっと知ってほしい

実店舗だけでなくネットショップでも売りたい

**目的をはっきりさせる!
ネットショップの開店が目的になってしまうと長続きしない!**

A 目的がはっきりしたら目標を設定する

自作アクセサリーを1カ月に20点売る!

将来的にはネットショップと実店舗の売上を同じにしたい

まずは利益よりも○○○の良さを知ってほしい

まずは月商20万円を目指そう

明確な目標ができればネットショップづくりをやり遂げられる!

PART 1

どんな商品を売るのかを考える

ショップのコンセプトを考えてみよう

低コストでネットショップを開店できるネットショップ運営サービスなどの登場によって、ネットショップ開店へのハードルが下がってきましたが、「かんたんなら始めたい」けれど、「何を売ればいいかわからない」人も増えています。

始める動機が「自分の作品を売りたい」という人は、何を売るかで迷うことはないでしょうが、「ネットショップでお金を儲けたい」と漠然と考えている人は「何を売ろうか」と迷ってしまうわけです。

22ページでも述べたネットショップを始める目的ともリンクしますが、そんな人は、何を売れば儲かるかをよく考えなければいけません。

「カラーミーショップ」では、25ページにあるような販売禁止商品を除けば、どんな商品でも販売できます。儲けたいなら売れる商品を選ぶ必要がありますが、すでに売れている商品はライバルが多く、激しい価格競争が行われています。売れる商品が見つかれば、すべてのショップが成功するはずですが、実際はそうではありません。**「売れる商品」を見つけるのはかんたんではないのです。**

売れる商品を見つける前に、つくりたいネットショップの「コンセプト」を決めるのが得策です。たとえば「アクセサリー販売」ではなく、「ネイティブアメリカンのアクセサリー専門店」のように、より具体的なコンセプトを決めます。そうすることで売るべき商品が見えてきます。コンセプトはあなた自身のショップに対する「思い」でもあります。好きなものや興味があるものなど、お客様に情熱を強く訴えることができるものがいいでしょう。

コンセプトが明確になれば、ひと言でお店の特徴を言い表すキャッチフレーズをつくってみましょう。対象となるお客様がはっきりし、お客様も「何のショップ」かがわかりやすくなります。ヒット商品ばかり集めても成功しません。**ネットショップ運営者とお客様の両方の視点からコンセプトを考えてみましょう。**

ショップのコンセプトを考える

ネットショップ運営者の視点

・自分の"思い"があるか?
・実現できるか?
・お客様がいそうか?
・お客様にとって魅力的か?
・専門店かさまざまなものを扱うか? など

いずれかの視点に偏っていないか?

お客様の視点

・どんなお店か?
・わかりやすいか?
・訪問したいお店か?
・他店より魅力的な部分はあるか? など

「何を」「どのように」売るか=「コンセプト」を明確にする

お店のキャッチフレーズを考える

キャッチフレーズがかんたんに思いつくときは、コンセプトがはっきりしていて、どんなお店にするかイメージが湧いてきます。
一方、キャッチフレーズがつくれないときは、コンセプトがはっきりしていないので、もう一度、コンセプトを考えてみましょう。

カラーミーショップの販売禁止商品

- 偽ブランド品、模造品・海賊版（違法コピー商品など）
- アダルトビデオ・DVD、ヌード写真など、アダルトに関連する商品
- 覚せい剤、麻薬、向精神薬、大麻、あへんなどのドラッグ類
- 商品券、プリペイドカード、印紙、切手、回数券などの金券類
- たばこ
- コンピュータウィルスを含むソフトウェア
- 身体機能検査キット、医療機器（医療用具）、医薬品、また国内で販売禁止の医薬品
  ※薬事法上の高度管理医療機器の販売業許可を得ている場合に限り、非視力補正用コンタクトレンズ（おしゃれ用カラーコンタクトレンズ）の販売は認められる。
- 販売に際して法律で義務付けられている免許、資格条件を満たしていない商品
- その他、GMOペパボの禁止事項・利用規約範囲外で、GMOペパボが適切ではないと判断した商品 など

PART 1

ライバル店を研究して ショップの〝強み〟を明確に

ポジションやターゲットを明確にすれば方向性が見える

ショップのコンセプトが決まったら、次のふたつのポイントについて考える必要があります。

①ポジション

まず市場を把握することです。売ろうと考える商品はライバル店が多いのか少ないのか、参入余地があるのかを考えます。ライバル店が多くてもニッチ（すき間）があるかなども調べます。もしライバル店がない場合は、そのコンセプトに基づいた商品が売れないからか、それとも、そのコンセプトに誰も気づいていないかなどを考えます。

②ターゲット

どんな性別、年齢、職業、ライフスタイルの人をメインの顧客にするかを考えます。**ターゲット設定がはっきりすれば販売すべき商品がより明確になります。**

そして、①、②と、コンセプトを三位一体で連動させて、利益が出せるかを考えます。利益が出なければネットショップ存続は難しくなりますし、そもそもやる気が続きません。場合によっては周囲の人に客観的な意見を求めてみましょう。

方向性が見えてきたら、似たようなショップを調査すると、自分のショップの立ち位置がより明確になってきます。

ショップページのデザインや商品の説明のほかに、価格、配送方法、決済手段などをチェックすると新たな発見があるはずです。また、ライバル店で実際に注文して、梱包方法や発送のスムーズさなどを確かめるのも重要です。消費者の視点で見ると、ショップ運営者の目線では気づかなかったショップ側のちょっとした心づかいにも気づくはずです。

一方、消費者視点で、そのショップで買いたくなるか、そうでないのかの理由も考えてみましょう。

市場調査時に、ライバル店と自分の店の長・短所を書き出すと、これから始めようとするネットショップの強みと弱み、改善点などが整理しやすくなります。

「コンセプト」「ポジション」「ターゲット」を三位一体で考える

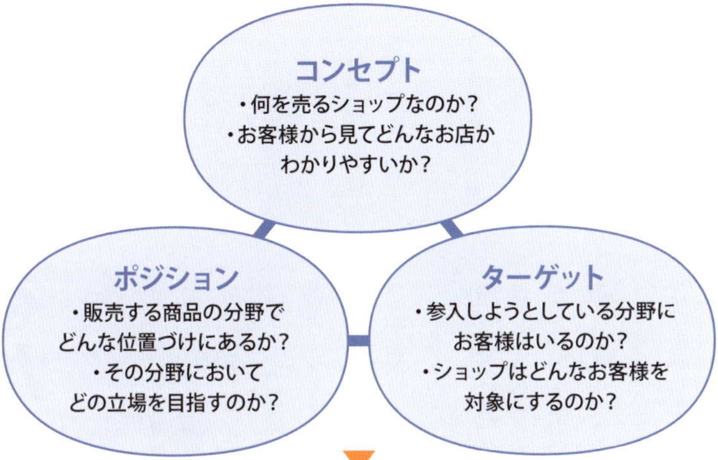

コンセプト
・何を売るショップなのか？
・お客様から見てどんなお店かわかりやすいか？

ポジション
・販売する商品の分野でどんな位置づけにあるか？
・その分野においてどの立場を目指すのか？

ターゲット
・参入しようとしている分野にお客様はいるのか？
・ショップはどんなお客様を対象にするのか？

▼

この3つを考えなければ、他ショップとの差別化は生まれない！
ライバルショップから学ぼう！

❶ ライバルショップと比較する

サイトは見やすいか？ / 品揃えが豊富か？ / 価格は安いか？

❷ ライバルショップに注文してみる

顧客対応はいいか？ / 商品発送は迅速か？ / 注文しやすいか？

❸ ①、②で得た情報をショップづくりに活かす

ショップページのデザイン再検討 / 商品価格の再検討 / 運営体制の見直し

PART 1

個人と法人のどちらで開店するかを考える

売上が少ないうちは「法人」のほうが税負担が大きい

法人と個人のどちらで開店するのがいいのでしょうか。

個人として開業するなら、手続きは「個人事業の開業届出」を税務署に提出するだけです。

一方、法人化する、つまり会社組織にすると、設立に際して登記をはじめとする各種手続きの手間と同時に費用がかかります。また、経理などの事務作業も個人に比べて煩雑なため、一般的には税理士に税務申告を依頼します。会社の所在地や役員に変更があればその都度、変更登記が必要になり、それを司法書士などに依頼すれば手数料がかかります。強制加入の社会保険の負担も軽くはありません。毎年の決算も面倒です。

手間と費用をかけ、法人設立する最大のメリットは社会的信用が高く、取引がしやすくなる点にあります。たとえば、商品を買うとき、運営母体が株式会社○○と、山田○○という個人のショップのどちらが信用できるでしょうか。一般的に法人のほうが信頼できると考える人が多いのは事実です。また仕入れ時に「取引は法人のみ」という企業もあります。

税金面では税率が異なり、さまざまな違いがあります。個人なら赤字の場合は税金はかかりませんが、法人は赤字でも住民税の均等割7万円を支払う必要があります。**確定申告**の際も個人に比べ法人は必要書類が多く、手間がかかります。

つまり**法人だから有利、個人だから不利とは一概にはいえません。**開店に際しては、手間と金銭的な負担を考え、どちらで開業するかを考えましょう。無理に法人化して負担に耐えられなくなるより、個人事業で開店してから「**法人成り**」しても遅くはありません。

ある一定額以上の利益が出ると、**累進課税**の個人事業より法人のほうが税率が低くなるほか、法人のほうが経費が認められやすいなど、その違いは複雑です。利益が出るようになったら、税理士などの専門家に相談するといいでしょう。税金については34ページでも説明します。

個人事業主と法人のおもな違い

	法人の場合	個人事業主の場合
設立の容易さ	煩雑（法人設立登記が必要）	簡単（個人事業の開業届出を出すだけ）
初期投資	実費が約24万円	ほとんどかからない
社会的信用	個人事業主に比べ高い	法人に比べ低い
融資	受けやすい	受けにくい
従業員の募集	個人に比べ確保しやすい	信用が低いため難しい
社会保険	事業主も加入可。ただし、会社負担は増える	事業主は加入不可
税務申告	税理士などの専門家に委託するのが一般的	比較的簡単なので自分で可能
税金	赤字でも税金がかかる。所得に対する法人税は15%、25.5%のどちらか	赤字の場合は無税 事業所得に対する所得税5%～40%
節税	多くの節税が認められる	少ない
赤字の繰り越し	青色申告で最大7年間損失を繰り越しできる	白色申告では損失の繰り越し不可。青色申告で最大3年間損失を繰り越しできる

KEYWORD

確定申告
1年間（1月1日～12月31日）に所得のあった個人は、「所得税および復興特別所得税」の金額を計算し、確定申告書を提出して申告・納付する。原則的に翌年の2月16日～3月15日に行う。法人は決算日から2カ月以内に確定申告書を提出し、法人税の申告・納付を行う。

法人成り
個人事業主が手続きを行って、株式会社などの法人化すること。

累進課税
課税対象の額が大きくなるにつれ、税率が高くなる仕組みのこと。日本では所得税、贈与税、相続税などで導入されている。2016年9月現在、個人所得税の税率は、課税所得金額195万円以下の「5%」から課税所得が増えるごとに税率が上がり、「4000万円超」の「45%」が最高税率になっている。

PART 1

知っておくべき届出、許可、手続き

届出、許可、手続きが必要か開店前に必ずチェックする

ネットショップを始めるのに特別な資格は必要ありません。ただし販売する商品によっては所定の機関に届出や許認可が必要です。その際、どのような届出・許認可が必要かを知るには、同じような商品を販売するネットショップの「特定商取引法（80ページ）」のページを見るのが便利です。

たとえば、次のようなものを販売する場合は、許認可が必要です。

●古着、古道具などの中古品販売

・必要な許可証…古物商許可証

・相談窓口…最寄りの自治体や警察署

●食品

・必要な許可証…食品衛生者責任者免許、食品衛生法に基づく営業許可など

・相談窓口…最寄りの保健所

食品といっても農産物を農家から直送したり、加工品を仕入れて販売する場合は許可は必要ありませんが、食品を加工して販売する場合は、各都道府県の保健所への届出が必要といったように、決まりごとは複雑です。よくわからない場合は、最寄りの保健所など、所定の機関へ相談しましょう。

また、輸入品を販売する場合はさまざまな規制があるので注意が必要です。商品によっては、国産品であれば届出は不要なのに輸入品は届出が必要な場合があります。

たとえば、農産物や缶詰、缶ジュースなどの加工済み商品は、この例に当たります。具体的には「食品等輸入届出」を厚生労働省検疫所の輸入食品監視担当へ提出し、商品の検査を受けなければいけないのです。

輸入品には細かい規則があるため、前もって一般財団法人対日貿易投資交流促進協会（ミプロ、http://www.mipro.or.jp/）や税関に相談しましょう。

届出、許可、手続きが必要な主な商品は次ページを参考にしてください。

ネットショップ開店に必要になる おもな届出、許可、手続き

食品を取り扱う場合

対象業種 …… **調理業**（飲食店営業, 喫茶店営業）
製造業（菓子製造業, アイスクリーム類製造業, 食肉製品製造業, 惣菜製造業など）
販売業（乳類販売業, 食肉販売業, 魚介類販売業など）

▼食品衛生責任者資格
【申請方法】食品衛生協会で食品衛生責任者養成講習会を受ける。
【取得費用】8,000円〜1万円（都道府県によって異なる）
【必要書類】受講申込書、証明写真2枚（縦3.6cm・横3cmまたは、縦4cm・横3cm、正面・脱帽）

▼食品衛生法に基づく営業許可
【申請方法】ネットショップの所在地を管轄する保健所で申請する。
【取得費用】食品衛生法に基づく営業許可　約1万円〜3万円（業種、都道府県によって異なる）
【必要書類】営業許可申請書、営業設備の大要、食費衛生責任者設置届、登記事項証明書（法人の場合）、水質検査成績書（井戸水の場合）

酒類を取り扱う場合

対象業種 …… **酒類の販売**

▼通信販売酒類小売業免許 … 地酒か輸入酒のみ扱える
【申請方法】ネットショップの所在地を管轄する税務署で申請する。
【取得費用】登録免許税3万円
【必要書類】販売業免許申請書、酒類販売業免許の免許要件誓約書

▼一般酒類小売業免許 … すべての酒類を小売りできる
【申請方法】ネットショップの所在地を管轄する税務署で申請する。
【取得費用】登録免許税3万円
【必要書類】販売業免許申請書、酒類販売業免許の免許要件誓約書、住民票の写し、契約書等の写し、販売場の建物の使用権限を証するもの、土地建物の登記事項証明書、最終事業年度以前３年間事業年度の財務諸表、地方税の納税証明書、その他上記を説明する資料等

中古品を取り扱う場合

対象業種 …… **中古の家電製品、パソコン、ブランド品、古着、古本、DVD、CD、ゲームなど**

▼古物商許可
【申請方法】ネットショップの所在地を管轄する警察署の防犯係の窓口で申請する。
【取得費用】1万9,000円
【必要書類】住民票（本人と営業所の管理者）、身分証明書、登記されていないことの証明書、略歴書、誓約書、営業所の賃貸借契約書のコピー、URLを届け出る場合はプロバイダ等からの資料のコピー

輸入品を取り扱う場合

対象業種 …… **輸入品全般**

食品全般／食品衛生法、植物防疫法による規制がある
食肉品／食品衛生法、家畜伝染病予防法による規制がある

PART 1

ネットショップ開店に必要な法律の基礎知識

ショップ運営者が最低限知っておくべき法律

ネットショップのオープン前に、いくつかの法律を知る必要があります。

何を売るかにかかわらず必要になるのが「特定商取引に関する法律（特定商取引法）」です。これについては80ページで紹介します。

「**電子契約法**（電子消費者契約法ともいう）」は、インターネットでの誤操作などによる消費者トラブルの増加を背景に施行された法律です。その要点は、①「電子商取引などにおける消費者の操作ミスの救済」、②「電子商取引などにおける契約の成立時期の転換」のふたつです。

①は、有料だと思わずクリックしたのに代金を請求された場合や、ひとつだけ注文したつもりなのに、同じものが複数送られてきたというトラブルが発生した場合に関係します。ネットショップ側がこうした事態を防止すべく適切な措置を講じていないと、お客様が注文自体を無効にできるというものです。

②は、ネットショップなどの電子契約では事業者側の申し込み承諾の通知が消費者に届いた時点で契約成立となることを定めています。お客様から注文があった場合、お客様に必ずメールなどでその承諾を行う必要があります。

カラーミーショップでネットショップを作成すれば、いずれの点も考慮されているので問題ありませんが、知識として知っておいたほうがいいでしょう。

事業者の不適切な行為から消費者を守るための「**消費者契約法**」では事業者が契約に関する重要事項について事実と違うことを告げる「不実告知」や、契約に関して故意に不利益なことを言わない「故意の不告知」をした場合、お客様は契約を取り消せることを定めています。

「**景品表示法**」にも留意する必要があります。この法律は誇大・虚偽などの不当表示を禁止しています。商品を売りたいばかりに過激な文言などを使うと、この法律に抵触する可能性があります。

左ページに、その他の法律も列挙しているので目を通しておきましょう。

ネットショップに必要なおもな法律

	内容	参考URL
特定商取引法	「特定商取引に関する法律」の通称。訪問販売等、業者と消費者の間における紛争が生じやすい取引について、勧誘行為の規制等、紛争を回避するための規制及びクーリングオフ制度等の紛争解決手続を設けることで、取引の公正性と消費者被害の防止を図る。	消費者庁 http://www.caa.go.jp/trade/
電子消費者契約法	「電子消費者契約及び電子承諾通知に関する民法の特例に関する法律」の通称。「電子契約法」とも。事業者・消費者間の電子契約で消費者が申し込みを行う前に消費者に申し込み内容などを事業者側が確認しないと、要素の錯誤にあたる操作ミスによる消費者の申し込みの意思表示は無効にできることを定める。また、電子商取引における契約は、承諾通知の申込者への到達時に成立することを定める。	経済産業省 http://www.meti.go.jp/policy/it_policy/ec/
特定電子メール法	「特定電子メールの送信の適正化等に関する法律」の通称。宣伝・広告を目的とした電子メールのうち、受信者の同意のない迷惑メールを規制するための法律。送信者の氏名・メールアドレスの表示義務、架空電子メールアドレスへの送信禁止などを定める。	消費者庁 http://www.caa.go.jp/trade/
景品表示法	「不当景品類及び不当表示防止法」の通称。商品やサービスの品質、内容、価格等を偽って表示することを厳しく規制。また、過大な景品類の提供を防ぐために景品類の最高額を制限して、消費者がより良い商品やサービスを自主的かつ合理的に選べる環境を守る。	消費者庁 http://www.caa.go.jp/representation/
独占禁止法	「私的独占の禁止及び公正取引の確保に関する法律」の通称。公正かつ自由な競争を促進、事業者が自主的な判断で自由に活動できるようにすることを定める。	公正取引委員会 http://www.jftc.go.jp/dk/
不正競争防止法	他人の商号、商標、商品形態などと類似あるいは模倣した商品の販売、コンピューター・プログラムのコピープロテクト外しなど、不正手段による商行為を取り締まる。	経済産業省 http://www.meti.go.jp/policy/economy/chizai/chiteki/
消費者契約法	事業者が事実と違うことを言ったり、消費者に不利益となる事実を告げないなどの不適切な勧誘方法で、消費者が締結した、消費者の利益を不当に害する契約内容は、その全部または一部を無効にして、消費者の利益の保護を図る。	消費者庁 http://www.consumer.go.jp/kankeihourei/keiyaku/
割賦販売法	クレジット取引等を対象に、事業者が守るべきルールを定める法律。購入者等の利益を保護すること、割賦販売等に係る取引を公正にすること、商品等の流通、役務の提供を円滑にすること、を目的としている。	経済産業省 http://www.meti.go.jp/policy/economy/consumer/credit/11kappuhanbaihou.htm
個人情報保護法	「個人情報の保護に関する法律」の通称。個人の権利利益を保護することを目的として、民間事業者が、個人情報を取り扱う上でのルールを定める。	消費者庁 http://www.caa.go.jp/seikatsu/kojin/

KEYWORD

電子契約法

正式には「電子消費者契約及び電子承諾通知に関する民法の特例に関する法律」という。詳しくは経済産業省の「電子契約法について」（http://www.meti.go.jp/policy/it_policy/ec/e11213aj.pdf）が参考になる。

消費者契約法

正式には「電子消費者契約及び電子承諾通知に関する民法の特例に関する法律」。

景品表示法

正式には「不当景品類及び不当表示防止法」。消費者庁のサイトにある「不当景品類及び不当表示防止法ガイドブック」（http://www.caa.go.jp/representation/pdf/110914premiums_1.pdf）が詳しい。消費者庁か公正取引委員会が調査し、違反した場合は問題の再発防止を命令する。従わない場合は2年以下の懲役か300万円以下の罰金が科せられる。

PART 1

税金&確定申告の基礎知識

ネットショップを始めたらきちんと納税しよう

ネットショップを副業として始めた場合でも、毎年1月1日〜12月31日に生じた所得金額（収入から経費を引いた額）が年20万円を超えたら、所得金額から税額を算出し、**翌年2月16日〜3月15日までに確定申告を行う必要があります**（所得が年20万円以下なら必要なし）。

ここでは個人事業主として、ネットショップを始めた場合の税金について見ていきましょう。

個人事業主にかかる税金は、大きく分けると国税と地方税のふたつに分類され、国税には所得税と消費税、地方税には事業税（道府県民税）、住民税（道府県民税）、住民税（市町村民税）の3つがあります。

ネットショップを開業したら、「個人事業の開廃業届出書」（開業1カ月以内）を所轄の税務署に、都道府県税事務所と市町村役場の2カ所に「個人事業の開始申告書」（開業後すみやかに）を提出します（東京都は、税務署と都税事務所への2カ所の届け出のみ）。

確定申告の方法には、「**青色申告**」と「**白色申告**」がありますが、「青色申告」を選ぶ場合は、開業後2カ月以内に「青色申告承認届出書」なども提出します。

青色申告は、帳簿の記帳義務があるので事務作業が煩雑になりますが、白色申告にはない「最高65万円（または最高10万円）の特別控除」、「家族への給与が必要経費になる」「赤字損失分を3年間繰り越しできる」といった税制上の特典が用意されています。

ただし、決算書の提出が必要な青色申告では、税理士や会計士に代行してもらうのが一般的なため、この報酬が必要になります。そのようなコストも考慮して「青色」「白色」を選択しましょう。

なお、納税期限に遅れたら「無申告加算税（年15%）」、納税しなかった場合は「延滞税（年14・6%）」、不正申告をした場合『重加算税35%（無申告の場合40%）』といった重いペナルティを課せられてしまうので、きちんと確定申告するようにしましょう。

青色申告と白色申告のおもな違い

	青色申告（65万円控除）	青色申告（10万円控除）	白色申告
事前の届け出	必要	必要	不要（ただし収入300万円以上の場合は記帳義務あり）
特別控除	65万円	10万円	なし
記帳の義務	複式簿記による記帳	簡易簿記による記帳	簡易簿記による記帳
作成書類	損益計算書 貸借対照表 すべて記入	損益計算書 貸借対照表 一部未記入も可	収支内訳書
申告期限	毎年3月15日厳守	3月15日以降も可	3月15日以降も可
家族従業員への支払い	妥当であれば、金額の制限なし	配偶者／86万円まで それ以外／50万円まで	
特典	青色申告特別控除65万円 青色事業専従者給与 赤字の3年繰り越しなど	青色申告特別控除10万円 青色事業専従者給与 赤字の3年繰り越しなど	なし

KEYWORD

青色申告

確定申告の方法のひとつ。税務署に届けを出す必要がある。複式簿記で記帳して正確な申告が求められる。一方で、いくつかの税制上の優遇を受けられる。青色申告特別控除として最高65万円を控除できるほか、家族従業員にも適正な価格の範囲内であれば上限なく経費参入できる。損失が出た場合は、その損失額を翌年以後3年間にわたって繰り越して各年分の所得金額から控除できる。ただし、虚偽の記帳、申告書を期限内に提出できないと、青色申告の承認が取り消されることがある。

白色申告

確定申告の方法のひとつで、税務署に届けの必要はない。記帳は複式に比べかんたんな簡易簿記でよく、決算書作成も不要のため、事務作業が比較的ラクに済む。しかし、家族従業員への支払いが年86万円までで、「青色申告」にある特別控除や赤字損失分の繰り越し、減価償却の特例などの税制上の特典はない。

ショップオーナーインタビュー①

60歳で起業! おでかけ用スタイの専門店「bib-bab」（兵庫）

ショップオーナー **松本久子さん**

60歳で起業したきっかけは孫へのプレゼント

——専業主婦だったのに、60歳で起業したとお聞きしました。

私には4人の子どもがいますが、次男の孫のよだれが多かったので、タオル生地を使ったスタイを自分でつくって、プレゼントしていたんです。そのうちに「売れるよ!」となって、「商品化しようか」と。

神戸市東灘区にある実店舗には、さまざまなスタイが美しくディスプレイされている。

ずっと専業主婦で仕事の経験はありませんでしたが、ネットショップの立ち上げは長男夫婦が助けてくれました。ブランド名も三男の嫁が「ビブ（よだれかけ）」、「バブ（赤ちゃんの声）」から付けてくれたものです。

——商品の反応はいかがですか。

お客様からビブバブのスタイをつけてお子様と街に出かけると「どこで売ってるの?」、「カワイイね」と声をかけられたとお聞きして「ほめられスタイ」とネーミングしました。

——ほめられスタイを意匠登録されたそうですね。

知り合いに「カワイイから絶対に売れる。将来のためにライセンスをとったほうがいい」と言われまして。迷いましたが、今では登録しておいてよかったと思っています。

——実店舗を神戸市内にオープンしたんですね。

販売している場所に併設した、作業場もあります。以前は自宅で製作していましたが、雑誌やテレビで紹介されて、たくさんのお客様が直接自宅にいらっしゃったことがありまして……。

——松本さんにとってネットショップどんな存在でしょうか。

60歳から見つけた生き甲斐です。最初から実店舗は出せませんでしたから、ネットショップで人生が変わりました。本当に毎日が楽しいですね。

松本さんのネットショップ

bib-bab

URL: http://bib-bab.com/

PART 2

ネットショップを かんたんにつくれる カラーミーショップ

カラーミーショップを使えば、
初心者でもかんたんにネットショップをつくることができます。
ここではカラーミーショップの
魅力や特徴などについて説明していきます。

PART 2

カラーミーショップでこんなお店が開店できる

専門知識がなくてもネットショップがつくれる！

知識や経験がない人でも「カラーミーショップ」を使えば、ネットショップをつくることができます。

「カラーミーショップ」は、日本を代表するIT企業であるGMOインターネットグループのGMOペパボ株式会社（以下、ペパボ）が運営するネットショップ運営サービスで、すでに6万店舗以上が導入しています。

これから「カラーミーショップ」について説明していきますが、その前にどんなネットショップをつくることができるのかを、すでに実績を上げている先輩ショップを例に見ていきましょう。

ショップ運営者が必ずしもHTMLやプログラミングの専門知識があったわけではありません。初心者でもかんたんにネットショップを構築できるように設計された、カラーミーショップの多種多様な機能を使いこなすことで、次ページで紹介するようなネットショップを開店することができるのです。

先輩ショップのウェブサイトには一見したただけではわからない、ちょっとした工夫が施されていたりします。実店舗と同じようにお客様が気持ちよく買い物できる空間づくりがされていたり、対面販売ができない分、ブログやSNSで交流したりと実店舗以上にショップとお客様が近いと感じるショップもあるほどです。

みなさんはこれからネットショップの店主になろうとしているわけですが、その一方で普段はお客様の立場でネットショップや実際のお店に出入りしています。そのときに「こんなお店がいいな」「このお店はちょっとイヤだな」と感じることはないでしょうか。そうした目線を忘れないようにすれば、何を工夫すればいいのかに気付くことができます。

先輩ショップのサイトを研究することで、どのようにショップをつくればいいかの参考になるはずです。そして先輩ショップを見ながら、まだ見ぬ自分のショップをどうするかをイメージしてみましょう。

カラーミーショップでこんなお店ができる

バランススタイル(東京都)

http://balance-style.jp/

『サッカーのあるライフスタイル』をコンセプトに、実店舗とともに効率よく運営。お客様への手厚いサポートも人気。「カラーミーショップ大賞2016優秀賞」を受賞。

わざわざ(長野県)

http://waza2.com/

長野県に実店舗をもつ、パンと日用品の店「わざわざ」。SNS連動で情報発信を行っており、ファンも多い。「カラーミーショップ大賞2016優秀賞」を受賞。

びっくりカーテン(大阪府)

http://www.bicklycurtain.com/

100サイズの中からぴったりのサイズを選べる既製カーテンの専門店で、3,000点以上の商品を取り扱う。「カラーミーショップ大賞2016大賞」を受賞。

PART 2

開店だけでなく運営までの機能もオールインワンで充実

開店までだけでなく運営を支援する機能も充実

いざ自分でネットショップをつくろうとすると、さまざまな手続きをしなければいけません。たとえば、ウェブサイトのドメインを取得して、サーバー環境を構築し、ショッピングカートや決済機能の設置……と、やるべきことがたくさんあるのです。

ウェブサイトに関する専門知識がない人にとって、こうした手続きをひとりで行うのはかなりの労力です。その過程で面倒になってしまったり、挫折する人も少なくありません。

ネットショップには、トップページのほかに商品ページ、特定商取引に関するページ、個人情報の取扱いに関するページ、お問い合わせページなど、必要なページがたくさんあります。

しかし、どんなページが必要かわからない人でも本書の説明にしたがって、カラーミーショップでショップづくりをしていけば、必要なページはすべて作成できるようになっています。

もちろん、スマホなどのモバイル端末によるショッピングにも対応しており、知識がない人でもモバイル向けショップをかんたんにつくることができます。

それだけではありません。カラーミーショップでは、顧客管理や売上の分析を行う機能など、開店後によりよいお店づくりをサポートするさまざまな機能が充実しています。

一般的には、それぞれの機能ごとに別の会社と契約しなければいけませんが、カラーミーショップは必要な機能がほとんど揃うオールインワンのサービスなので、その手間を大きく省くことができます。

また、カラーミーショップなら開店まではもちろんのこと、開店後のことまでサポートしてくれる機能が充実しているので安心です。

ネットショップを運営しようとする人にとって、カラーミーショップほど心強い味方はいないといっても過言ではありません。

カラーミーショップは ネットショップに必要な機能が充実

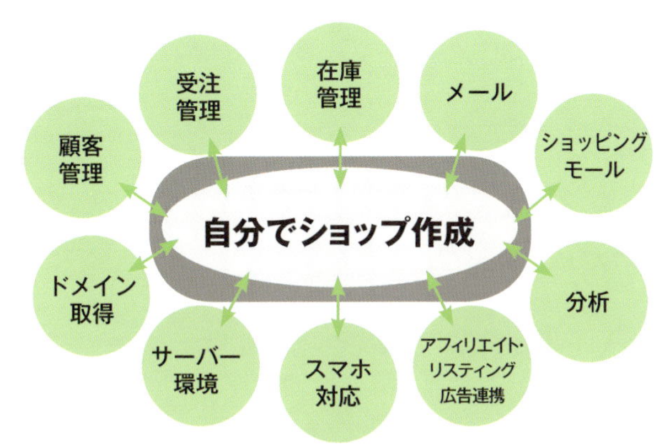

必要に応じて契約するので煩雑

機能・サービスが集まっているのでラク!

KEYWORD

サーバー

インターネットなどのネットワークを通じて受けたリクエストに応じて、何らかのサービスを返す役割をもったシステムのこと。一方、ネットワークを通じてリクエストを出す側をクライアントと呼ぶ。サーバーは、クライアントからの要求に備えて、休みなく365日稼動する必要があるため、安定的に運用される必要がある。

ショッピングカート

ネットショップにおいて、購入しようとする商品を一時的に保存しておく機能のこと。たとえば、ネットショップで複数の商品を購入したいとき、ひとつの商品を買うたびに決済すると個人情報や決済情報の入力が非常に煩わしくなる。ショッピングカート機能を使えば、商品の購入ボタンをクリックするごとに購入予定商品が追加されていき、まとめて購入手続きを行えるようになる。現在のネットショップでは標準装備されている必須機能のひとつ。

PART 2

ショップの規模と価格で3つのプランが選べる

3つのプランの違いを理解しておこう

カラーミーショップには、「スモール」「レギュラー」「ラージ」の3プランがあります。次ページの表とあわせて比較してみてください。

●スモール（月額1332円〜、税込）

最も低価格なプランです。副業や趣味のショップを低コストで開店したい人に向いています。ディスク容量は200MBまで。商品数は無制限で、1商品につき4枚の画像を掲載できます。

●レギュラー（月額3240円、税込）

レギュラープランは、多機能ながら低価格で、初心者に最もオススメのプランです。

ディスク容量は5GB、1商品あたりの画像枚数は、「スモール」から大幅に増えて50枚、レビュー機能、クーポン機能など、ネットショップ運営に役立つ多くの機能が付加します。

●ラージ（月額7800円、税込）

最上位プランです。ディスク容量が100GB、1商品あたり50枚の画像が掲載できるほか、フリーページを1万ページまで作成できます。商品数が多い大規模ショップ向けで、すでにネットショップを運営している人のニーズにも十分応えるスペックを備えています。

各プランともに商品販売時の手数料はかからないため、オプションを利用しなければ、利用料金以外はかかりません。

なお、初期費用は、いずれのプランも3240円（税込）です。各プランの違いは、左ページの表で確認してください。

なお、「スモール」から「レギュラー」へのプラン変更は契約期間中にも可能ですが、それ以外のプラン変更は契約更新時だけにかぎられます。

この3プラン以外に、「スモール」の機能のひとつである「アクセス解析」を簡易版にして価格を抑えた「**エコノミープラン**」や、月商数百万円〜数千万円の大型ショップ向けに「**プラチナプラン**」も用意されています（詳しくはKEYWORD参照）。

PART 1
PART 2
PART 3
PART 4
PART 5

カラーミーショップの3つのプラン

本書読者には無料クーポンあり（詳細は10ページ）

（金額はすべて税込）

		スモール	レギュラー	ラージ
初期費用		3,240円	3,240円	3,240円
月額利用料	12カ月契約	1,322円／月	どの期間でも3,240円／月	どの期間でも7,800円／月
	6カ月契約	1,422円／月		
	3カ月契約	1,512円／月		
販売手数料		無料	無料	無料
ディスク容量		0.2GB	5GB	100GB
1商品あたりの画像枚数		4枚	50枚	50枚
テンプレート保存数		5個	10個	10個
フリーページ上限数		10ページ	1万ページ	1万ページ
フォローメール設定		―	○	○
レビュー機能		―	○	○
クーポン機能		―	○	○
Google Analytics eコマース設定		―	○	○
FTPオプション		月額540円	○	○

KEYWORD

エコノミープラン

「スモールプラン」との違いは、アクセスプラス（アクセス解析機能）の利用料金が、月額料金に含まれているか、いないかの違いのみ。「エコノミープラン」を選択した場合でも、オプション料金を払えば、「アクセスプラス」を利用できる。

プラチナプラン

大規模店舗向けのプラン。利用料金は月額利用料1万800円（税込）のほか、売上合計金額が月額100万円以上の場合は1％のシステム利用料がかかる。ショップ開店から運用まで、専任アドバイザーにメール・電話で相談できるほか、SNSの活用法などの無料プロモーションから、予算に合わせた特別広告メニューの紹介、大手価格比較サイトとの連動システムなどを使った集客支援を受けることができる。また、ネットショップのデザインについて、要望に応じて提案を受けられる。

PART 2

お店・商品の魅力が発信できる「カラメル」との連携も魅力

カラーミーショップと連携「カラメル」の魅力

カラーミーショップを運営するペパボは、ショッピングモール「カラメル」も運営しています。２０１６年８月現在、カラメルに登録しているショップ数は約13万3０００店、取り扱う商品数は１４８１万点と国内最大級のモール型ECサイトになっています。

たとえば、インターネット通販の総合型ショッピングモールである楽天市場に出店しようとすると、最低でも10万円以上の初期投資が必要になります。

一方、カラーミーショップでネットショップをつくり、決済代行会社ＧＭＯイプシロンのクレジット決済を契約したうえで、カラーミーショップの決済設定で「クレジット（イプシロン）」を設定していれば、無料で「カラメル」に出店できます（ただし、「カラメル」で商品が売れた場合には出店プランによって別途料金が発生します）。

これは「コストをできるだけ抑えたい」と考える人にとっては大きなメリットといえるでしょう。しかも、「カラーミーショップ」と「カラメル」はともに同じペパボが提供するサービスなので、出店の手続きはとてもかんたんです。

さらに、カラメルに出店して商品を掲載することで、ヤフーショッピングに商品を掲載したり、グーグルの検索結果画面に商品を掲載するサービスも行っています。つまり、国内の２大検索エンジンを利用する人が、あなたのネットショップの商品にアクセスする機会を提供してくれるということです。また有料ですが、１００万人のカラメル会員にメルマガ広告を送付することで、あなたのネットショップの魅力を伝えることもできます。

ネットショップをつくっても、世の中の多くの人に知ってもらうのは大変ですが、こうした充実した集客支援サービスを利用すれば、効率的にあなたのショップを広く告知することができるようになります。このような充実した連携サービスもカラーミーショップを利用する大きなメリットのひとつといえるでしょう。

ショッピングモール「カラメル」とは?

▼カラメル (http://calamel.jp)

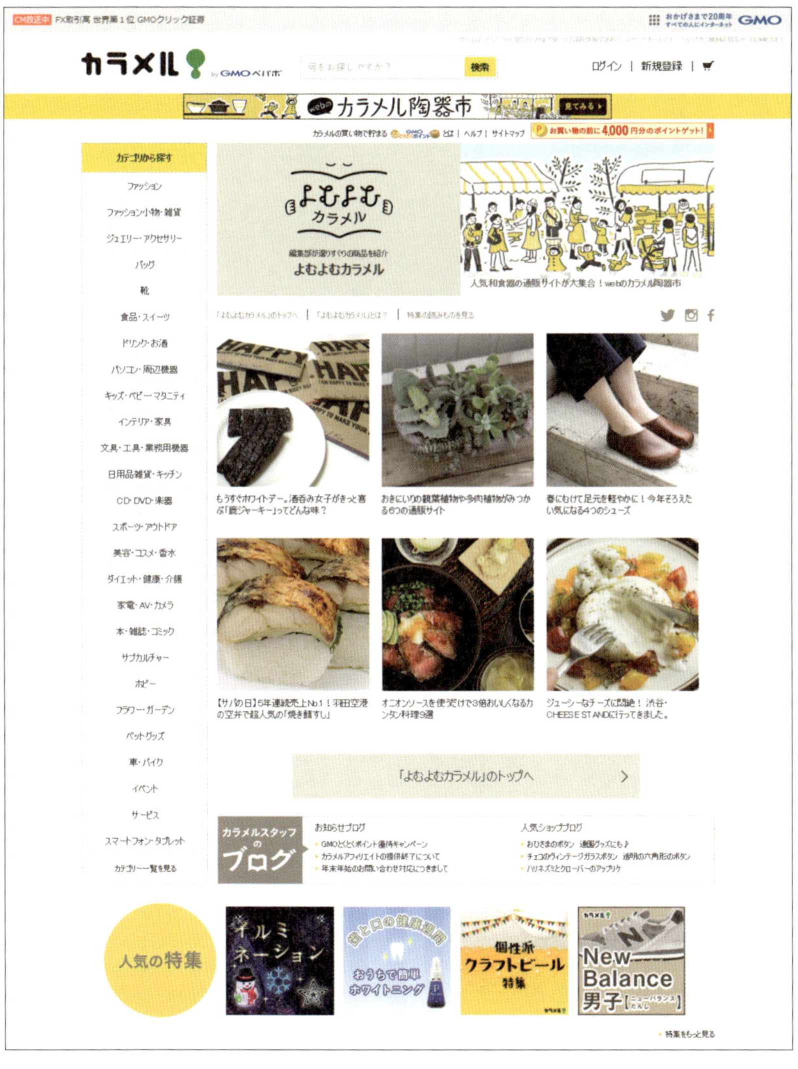

ショッピングモール「カラメル」は、カラーミーショップでネットショップをつくれば、無料で出店できる。出店の設定がかんたんなこともカラーミーショップでネットショップをつくる大きなメリットだ。

PART 2

カラーミーショップはサポート体制が充実①

困ったときはスタッフが電話で答えてくれる

ネットショップをつくろうとしている人の中には、「ネットの知識がほとんどないが大丈夫だろうか」と考えている人が多いかもしれません。しかし、心配はいりません。「マニュアル」や「よくある質問」といった標準的なサポートページはもちろんのこと、年中無休で受け付けてくれるメールによる問い合わせや、スタッフが電話で答えてくれるサービスなど、さまざまなサポート体制が充実しているからです。

電話サポートを希望する場合は、カラーミーショップへの登録後、管理画面内の「運営サポート」→「お問合せ」ページで、問い合わせたい内容と電話がつながりやすい時間帯などを記入して送信します。

原則的に問い合わせから2営業日以内に、その分野に精通したスタッフから折り返しの電話があり、直接、質問内容についてのサポートを受けられます。ただし、電話サポートに質問が殺到して混み合っている場合は、翌日以降の対応やメールでの対応になる場合もあります。なお、電話によるサポートの対応時間は平日10時～17時です。

また、ほかのユーザーが質問に答える「サポートコミュニティ」「助け合い掲示板」が用意されており、多くのユーザーの悩み解決の場になっています。

こうしたサポートがあるとはいえ、サイト作成の経験がない人は、「自分にもサイト作成ができるのだろうか」と不安があるでしょう。

しかし、心配は無用です。詳しくは48ページで紹介しますが、お得な価格でプロに制作を依頼できる「制作パートナー紹介サービス」や「ECクラウドソーシング」といった仕組みが用意されています。このほかにも「確定申告サポート」「梱包資材販売」「仕入れ・卸しサービス」「写真撮影サービス」など、かゆいところまで手が届く充実のサポート体制により、初心者でもプロ顔負けのショップづくりが可能になっています。

カラーミーショップの充実のサポート体制

会員以外も利用可

メールサポート

（年中無休）
直接、メールで相談できるサービス。カラーミーショップ管理画面内「お問い合わせフォーム」ページから申し込みするとメールで相談内容に関する返信を受け取れる。
※問い合わせが混み合っている場合は、翌日以降の対応になることがある。

会員のみ

電話サポート

（平日10:00～17:00）
直接、電話で相談できるサービス。カラーミーショップ管理画面内「お問い合わせフォーム」ページから申し込むと、原則的に2営業日以内に折り返しの電話がある。
※問い合わせが混み合っている場合は、翌日以降の対応やメール対応になることがある。

会員以外も利用可

オンラインマニュアル

操作のわからないときに、解説を検索できるオンラインマニュアル。「管理者ページ」の各画面の操作方法を説明する「管理者ページマニュアル」のほか、アクセス解析ツール「アクセスプラス」のマニュアルとメールマガジン配信機能のマニュアルが用意されている。

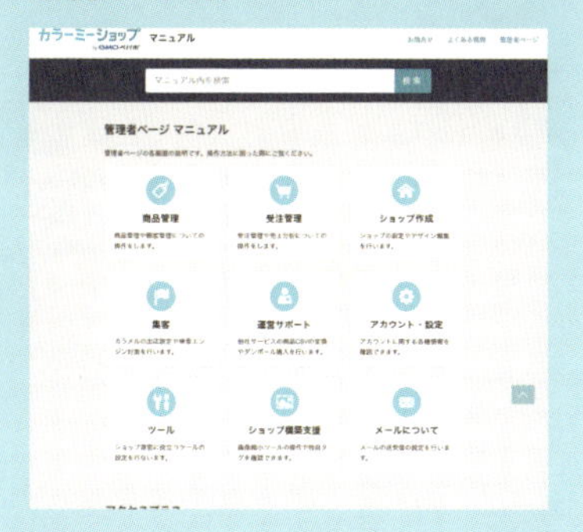

会員以外も利用可

サポートコミュニティ

質問や相談をユーザー同士で解決する掲示板。ネットショップ作成のテクニックや実際の運営などについて、活発な意見交換が行われている。

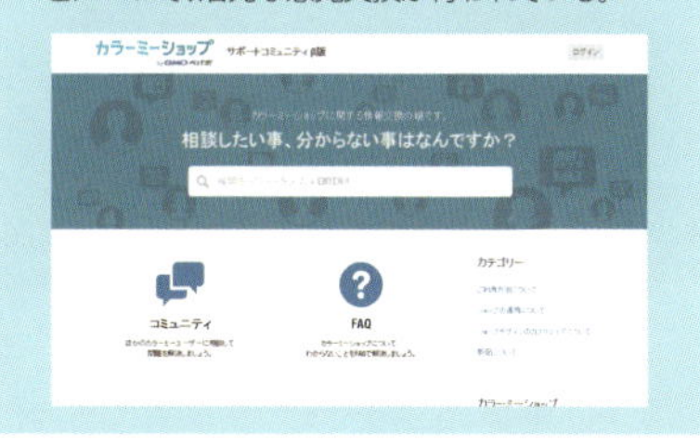

会員のみ

はじめてのネットショップ開店スクール

毎月開催（現在は東京のみ）している初心者向けのネットショップスクール（https://shop-pro.jp/news/school_event/）。実際のショップ利用事例を多数紹介し、ネットショップ運営に必要な「基本的な考え方」や「心構え」について教えてくれる。

会員のみ

制作パートナー紹介サービス

サイト作成、ショップロゴなどの制作者をマッチングしてくれるサービス。申し込み後3営業日以内に、スタッフからメールで制作内容の確認と紹介先のパートナーについての詳細が送られてくる。制作に関する費用は他社と比較しても安いので気軽に依頼できるのはうれしい。（詳しくは48ページ参照）

PART 2

カラーミーショップはサポート体制が充実②

プロに制作を依頼できるふたつのサポートシステム

かんたんにネットショップをつくることができるカラーミーショップですが、それでもデザイン、商品紹介の文章、写真の撮影など、それぞれの分野に精通したプロの手でつくったほうが、よりよいネットショップにできるはずです。

しかし、専門家を自分で探すのは大変です。そんなときに便利なのが、カラーミーショップのふたつのサポートサービスです。

①制作パートナー紹介サービス

カラーミーショップの基本的な設定から、デザイン、商品設定、ページ追加などの各種設定、ショップロゴ、記事作成、写真撮影などを行うプロのクリエイター（公認パートナー）を無料でマッチングしてくれるサービスです。もちろん制作費用はかかりますが、より質の高いショップを目指すなら何から何まで自分でやるのではなく、プロの力を借りてみるのもひとつの手です。また、時間を有効に活用できるのもメリットです。

基本的に次の手順で進んでいきます。

①見積りフォームの入力→②確認メール→③パートナーより内容確認の連絡→④支払い→⑤制作開始→⑥完成

価格は相場より抑え気味なので気軽に頼みやすくなっています。

②ECクラウドソーシング

個人と法人の仕事売買サービス「Lancers（http://www.lancers.jp/）」を通じて、新規ホームページ作成（10万円〜）、ロゴデザイン（3万円〜）、イラスト（3万円〜）、記事作成（150円〜／件）など、ネットショップに必要なさまざまな作業を、日本全国のフリーランスで活躍する個人に外注できます。

一般的な業者よりも低コスト、スピード納品が可能なうえ、仕事の依頼から納品・支払いまでをすべてオンライン上で完結できるため、手間もかかりません。

こうした充実のサポートシステムを上手に利用すれば、初心者でも悩むことなくショップづくりができるはずです。

「制作パートナー紹介サービス」の主なサービス

基本	
独自ドメイン設定 カテゴリー設定 商品登録（9点） トップページ設定 配送方法入力 決済方法入力 ポイント設定 特商法に関する表記設定	開店に必要な8つの項目を設定する。
デザイン	
スライドショー設定	ショップが用意した画像を、動きのあるスライドショーとしてトップページに設置する。
Twitter/Facebookボタン設置	TwitterやFacebookボタンを商品詳細ページに設置する。
小カテゴリーの追加	お客様がスムーズに購入できるように、サイドバーに小カテゴリを追加する。
グローバルナビ編集（1メニュ～）	お客様をスムーズに誘導する、ショップのメインメニューであるグローバルナビを設置する。
SNSエリア設置	TwitterやFacebook、Instagramなど、SNSのエリアを設置する。
バナーの設置（1点～）	ショップページの好きな位置に、ショップが用意したバナー画像を設置する。
商品設定	
10～20点まで	9点以上の商品も要望に応じて登録可能。
20～50点まで	
50～100点まで	
100点以上50点ごとに	
ページ追加	
HTMLサイトマップ作成	ショップの全体像であるサイトマップをSEO対策を考慮しながら作成する。
その他	
検索エンジン対策ワード入力	プロがより効果を見込める単語を使って検索エンジン対策を設定する。
送料一覧表のテーブル作成	送料をご案内する一覧表を作成する。 ※カート内の配送方法選択画面
受注/入金/発送メールテンプレ作成	お客様へ送付するメール文面のフォーマットを作成・設定する。

ショップオーナーインタビュー❷

新人作家も発掘する絵本の専門書店「ニジノ絵本屋」（東京）

ショップオーナー **石井彩さん**

絵本をつくりたいクリエイターの発表の場に

——石井さんは、東京の都立大学前で「ニジノ絵本屋」という絵本屋さんを開いています。どんな特色のお店ですか。

普通の書店には流通していない絵本を中心に、うちのレーベルで出版した絵本などを常時100冊くらい用意しています。一般書店では売れる絵本優先で、無名作家さんの作品にはなかなか巡り会えません。でも良い絵本は、たくさんあるんです。

定期的に行う「出張読みきかせ」の様子。このほかにワークショップなども開催する。

——そもそも、なぜお店を始めたんですか。

私の周りに、将来的に絵本を作りたい人や作ったけど書店には置いてもらえない人がいて、そんなお話を聞くうちに、何かできないかな、と。有名無名にかかわらず、作家さんの「新しい絵本」を発表する場があればいいなと思い、立ち上げました。それから、絵本の販売価格が高いと感じる人も多いと思いますが、仕入額も高いんです。仕入れて販売する方法では、なかなか採算が合わない……。だから、レーベルも作ってしまおうと思ったんです。

——そこで、さまざまな作家さんに出会われたんですね。

はらぺこめがねさんや、手塚治虫さんのひとつ先輩で「りぼん」の創刊号からお仕事されていた児童漫画家さんなど、素敵な出会いがありました。

——石井さんにとってネットショップの「ニジノ絵本」とは？

お店から遠いところに住む人や事情があって来られない人でも、足を踏み入れた気持ちになってもらえるネットショップにしたかったんです。ネット上のもうひとつの「ニジノ絵本屋」というお店でありたいと思っています。

石井さんのネットショップ

ニジノ絵本屋

URL: http://nijinoehonya.com/

PART 3

10ステップで かんたん ネットショップ開店

カラーミーショップでネットショップをつくりましょう。
たくさんの機能や細かい設定までできるカラーミーショップで、
ここから説明する10ステップをこなしていけば、
開店までたどりつけます。

PART 3

カラーミーショップにはじめに申し込む

登録は超かんたん！契約期間の選択は慎重に

カラーミーショップへの申し込みはかんたんです。

カラーミーショップのホームページ（http://shop-pro.jp/）にアクセスして、必要事項を記入すれば、「30日間無料」で利用できます。

無料期間中のプランは自動的に「レギュラー」になり、無料期間終了後の本契約時に3つのプラン（42ページ参照）から選択することになります。

なお、本契約時に新たに選択したプランは、契約更新のタイミングで変更できます。お店の規模を拡大する場合もスムーズにプラン移行ができるようになっています。

ただし、例外として「エコノミー」「スモール」から「レギュラー」へのプラン変更は、契約更新時にかぎらずいつでもプランの変更が可能です。いずれの場合も、データはそのまま引き継がれ、追加費用はかかりません。

なお、「スモール」だけは契約時に「3カ月」「6カ月」「12カ月」のいずれかの契約期間を選択します。より長い期間で契約したほうがコストを抑えられるので、「スモール」で長く続けるつもりなら最初から「12カ月」で契約したほうがいいでしょう。

契約期間を変更したいときは、【アカウント・設定】→【契約・お支払い情報】→【次回ご契約分】→【契約プラン・契約期間】で表示される画面で行います。なお、変更が適用されるのは現在の契約期間終了後、先述した例外を除いて、次の契約期間開始時になります。

利用料金はクレジットカード（自動更新時の支払い可）、銀行振込のほか、「おさいぽ！」（http://osaipo.jp/）で支払うことができます。

「おさいぽ！」は、カラーミーショップを運営するペパボが提供する登録料無料のネットで使えるお財布です。「おさいぽ！」の自動更新設定をしておけば、契約更新時に料金を自動で支払ってくれるので便利です。

カラーミーショップを申し込む

カラーミーショップの利用を申し込む

❶カラーミーショップの利用を申し込む

❶カラーミーショップのホームページ（https://shop-pro.jp/）にアクセスして、「まずは無料お試し30日間」をクリックします。

❷ショップURL、メールアドレス、パスワードを設定する

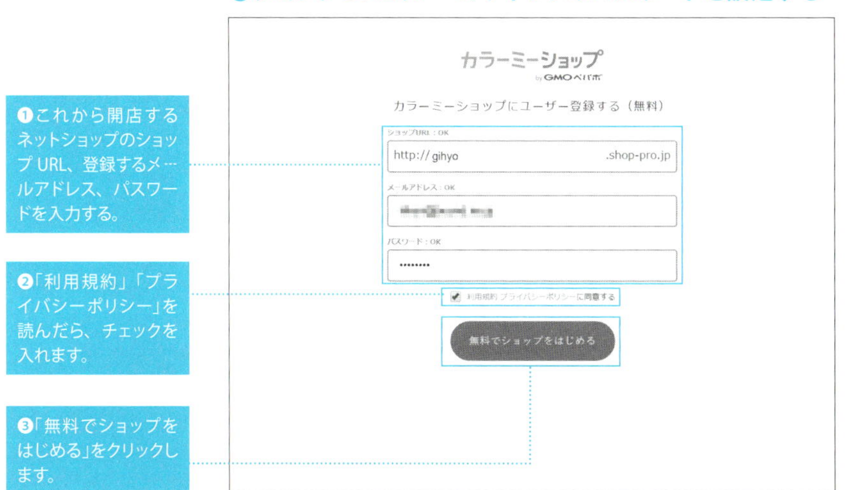

❶これから開店するネットショップのショップURL、登録するメールアドレス、パスワードを入力する。

❷「利用規約」「プライバシーポリシー」を読んだら、チェックを入れます。

❸「無料でショップをはじめる」をクリックします。

❸「経験者」か「初心者」を選択する

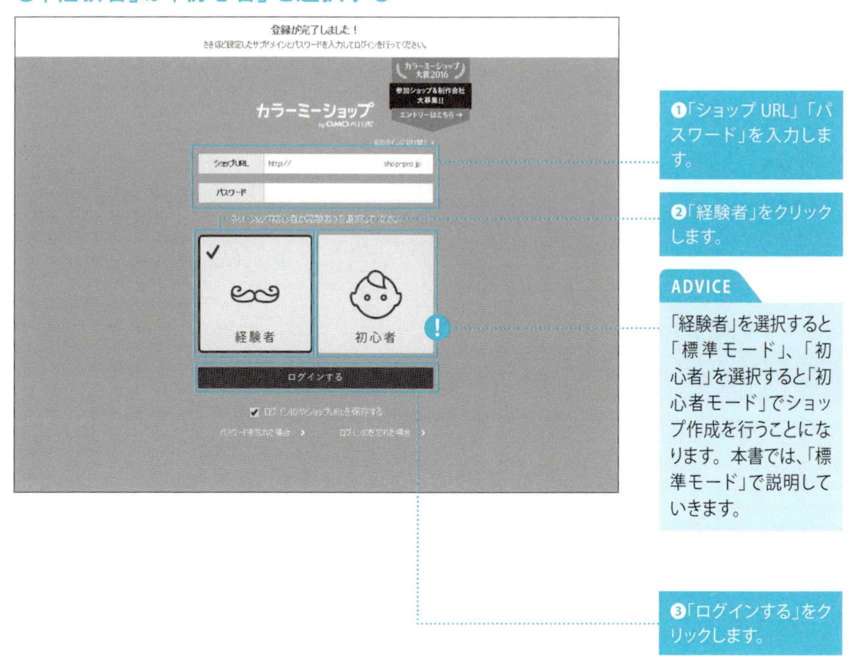

❹「管理者画面」が開く

オーナー情報を入力する

❶オーナー情報を入力する

❶「アカウント・設定」をクリックします。

❷名前や住所など必須項目を入力します。

❸「更新」をクリックします。

オーナー様へのお知らせ　メンテナンス情報　サイトマップ　お問合せ　マニュアル内を検索　初心者モードに切り替え

受注管理　ショップ作成　集客　運営サポート　アカウント・設定　ツール

manunited (PA01338919)

オーナー情報

正しい情報をご記入していただきますようお願い申し上げます。
※ 入力の不備や虚偽の情報を入力されますと、契約が無効になる場合があります。
※ 英数字は全て半角でご入力ください。

▶ 項目説明

アカウントID	PA01338919
ログインID	manunited
お名前 必須	姓: 名:
フリガナ 必須	セイ: メイ:
法人名	
法人名カナ	
代表者名	姓: 名:
郵便番号 必須	郵便番号から住所入力 例) 8100041
都道府県 必須	--------
市区町村・番地 必須	
建物名など	
電話番号 必須	- 例) 000-000-0000 ハイフン「-」を入れて入力してください。
メールアドレス(PC) 必須	kikori@bound.ne.jp ※ 携帯メールアドレスは利用出来ません。 ※ 当サービスで作成されたメールアドレス、および当サービスに設定している独自ドメインのメールアドレ[illegible]ません。
性別 必須	男性
生年月日 必須	//
職業	----
メールマガジン 必須	効果的な売上アップや集客の秘訣、ショップ運営に欠かせないお得な情報をお届けします。 希望する
業種	----
ネットショップの運営経験	---- / 約 年
カラーミーショップを何で知りましたか？	----

更新

manunited は現在お試し期間中です。
引き続き、カラーミーショップでショップを育てませんか？ >>お試し期間30日後の本契約はこちら

PART 3

カラーミーショップの開店までの流れ

10ステップだけでネットショップが開店できる

ネットショップをつくった経験がない人は、どんな順番でお店をつくればいいのか皆目見当がつかず、不安かもしれません。

しかし、カラーミーショップなら安心です。ネットショップの開店に必要なものを、難しい専門知識がなくてもかんたんにつくれるように設計されているからです。

ただし、かんたんにネットショップをつくれるといっても、PART1で触れたショップのコンセプトやどんな商品を売るかがはっきりしていなければ、〝売れる〟ショップをつくれません。

もし、それらがはっきりしていないなら、ネットショップの作成を始める前に、「どんなお店をつくりたいか」を確認しておきましょう。

カラーミーショップには、たくさんの設定項目が用意されていますが、インターネットの知識がない人でもネットショップを開店できるように、10ステップに絞ってつくり方を説明していきます。

この10ステップだけでもネットショップを開店できますが、それだけで十分ということではありません。

ショップの開店はゴールではなく、あくまでもスタートラインに立ったにすぎません。開店後に修正したいところや改善したいところが必ず出てきます。お客様がショッピングしやすいショップにするには、そうした問題を放置せずに、日ごろからコツコツと改善を続けていくことが大切です。

最初は、わからないことだらけかもしれません。しかし、この10ステップをやり遂げたころにはショップづくりへの不安はなくなり、むしろ楽しくなっているはずです。

なお、42ページで紹介したように、カラーミーショップには、「スモール」「レギュラー」「ラージ」の3つのプランが用意されていますが、本書では初心者に最もオススメな「レギュラー」プランを使って説明していきます。

カラーミーショップ開店までの10ステップ

STEP1 商品を登録する（58 ページ）

STEP2 トップページの設定を行う（74 ページ）

STEP3 特定商取引法の設定をする（80 ページ）

STEP4 ショップデザインを設定する（86 ページ）

STEP5 決済方法を設定する（96 ページ）

STEP6 配送方法を設定する（102 ページ）

STEP7 プライバシーポリシーを設定する（112 ページ）

STEP8 メールを設定する（116 ページ）

STEP9 商品のテスト購入を行う（120 ページ）

STEP10 ネットショップを開店する（126 ページ）

PART 3

【STEP1】商品を登録する

商品カテゴリーを設定して商品を登録する

まず商品を登録していきますが、その前に「商品カテゴリー」を登録します。将来的に取り扱う商品を視野に入れ、お客様が商品を見つけやすくなるようなカテゴリーをつくることが大切です。

なお、カテゴリーは「カテゴリー（大）」と「カテゴリー（小）」の2段階で設定できます。

たとえば、世界各国のスプーンとフォークを扱うネットショップの場合を考えてみましょう。この場合、次ページのように「大カテゴリー」をスプーンとフォークに、「小カテゴリー」を国別に分けることもできますし、「大カテゴリー」を国別、「小カテゴリー」でスプーンとフォークに分けることもできます。

スプーンとフォークの専門店であることを強調したいなら前者、たくさんの国のスプーンを扱っていることをアピールするなら後者がいいかもしれません。

このカテゴリー分けを設定する作業自体はかんたんですが、ショップのコンセプトに関わってくるうえ、その後の方向性を決定づける重要な作業です。

「どのように商品を売りたいか」を頭の中だけで考えるのではなく、紙などに書き出しながら、自分なりに整理していくのがオススメです。そうすればヌケが見つけやすいですし、どんなショップにするかをより明確にできます。

商品を登録する際には、販売価格を入力する必要があります。販売価格はお客様がその商品を買うか、買わないかを判断するうえで重要なファクターです。得られる利益とライバル店や類似商品の価格設定を参考にしながら決めましょう（142ページ参照）。

また、商品の写真も必要です。商品の写真は、お客様がショップを訪れたときに商品の魅力を伝えるうえで重要な役割を果たします。同じ商品でも写真の良し悪しで売れ行きは変わってきます。

なお、写真撮影については146ページで紹介しますので、そちらを参考にしてください。

商品カテゴリーの決め方

世界各国のスプーンとフォークを扱う場合

パターン①

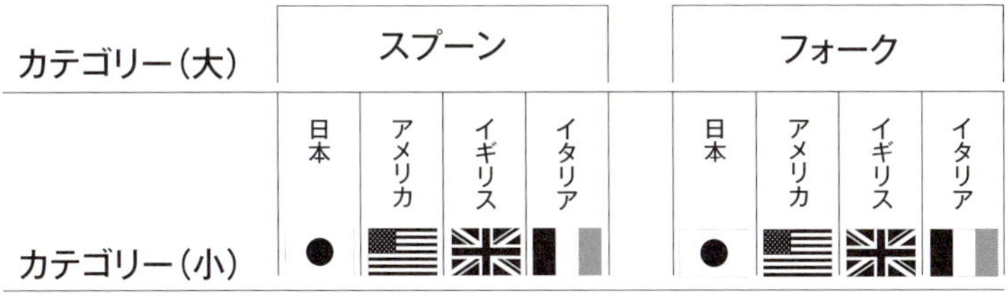

カテゴリー(大)	スプーン				フォーク			
カテゴリー(小)	日本	アメリカ	イギリス	イタリア	日本	アメリカ	イギリス	イタリア

カテゴリー（大）を「スプーン」と「フォーク」と商品別に分け、カテゴリー（小）を国別に分けるのは、オーソドックスな分類方法。スプーンとフォークの専門であることがわかりやすくなる。

パターン②

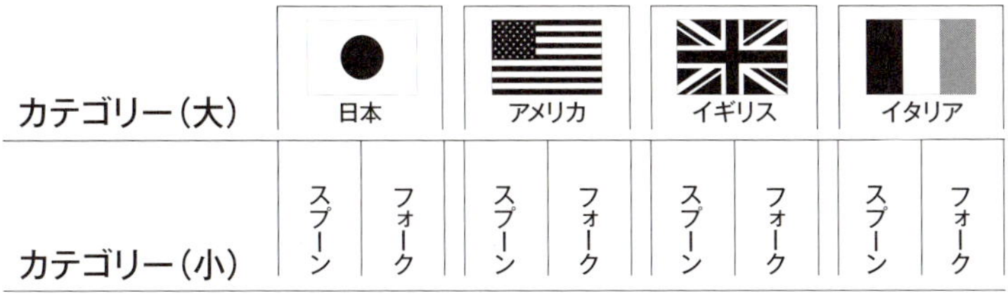

カテゴリー(大)	日本		アメリカ		イギリス		イタリア	
カテゴリー(小)	スプーン	フォーク	スプーン	フォーク	スプーン	フォーク	スプーン	フォーク

カテゴリー（大）を国別に分け、カテゴリー（小）を「スプーン」と「フォーク」に分けると、どこの国の商品を扱っているかがわかりやすくなるが、「スプーン」と「フォーク」を扱っていることがわからなくなる恐れもある。ただし、スプーンとフォークの専門店であることがショップ名などから明らかで、多くの国の商品を扱っていることをアピールしたいなら、このような分け方もできる。

**ショップを訪問するお客様の気持ちになって
商品を見つけやすくなる分類を考える**

商品を登録する

カテゴリー（大）を登録する

❶「商品管理」をクリックする

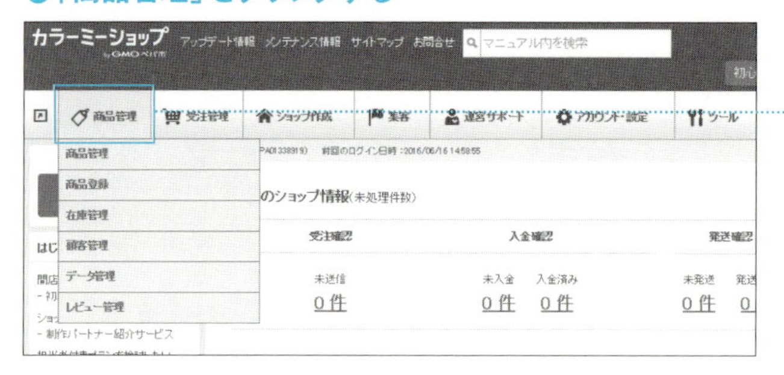

❶ログインし、「商品管理」をクリックします。

❷「カテゴリー」をクリックする

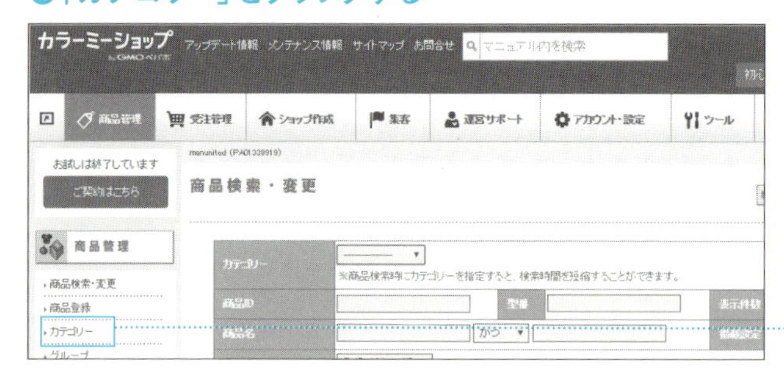

❶「カテゴリー」をクリックします。

❸「新規作成」をクリックする

❶「新規作成」をクリックします。

❹「カテゴリー（大）登録･編集」画面に入力する

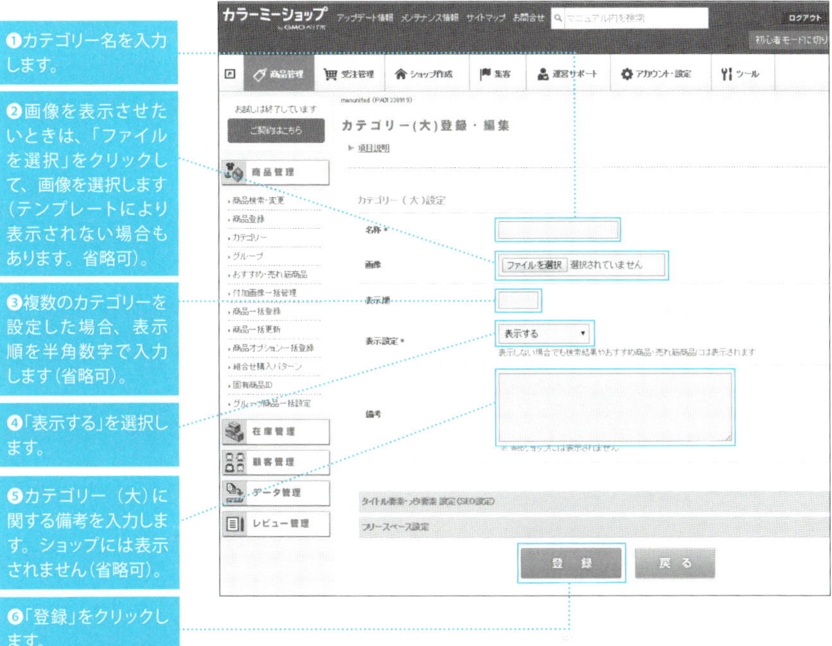

カテゴリー（大）の順番を並べ替える

❶「カテゴリー（大）」の表示順を並べ替える

❶「表示順」欄に並び替えたい順番（「1」が最上位表示）に半角数字を入力します。

❷「並び順更新」をクリックして表示されるダイアログで「OK」をクリックすると、入力した数字の順に並び替わります。

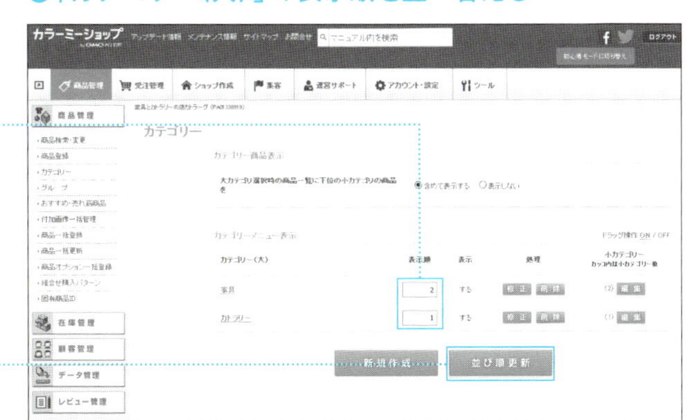

カテゴリー(小)を登録する

❶「編集」をクリックする

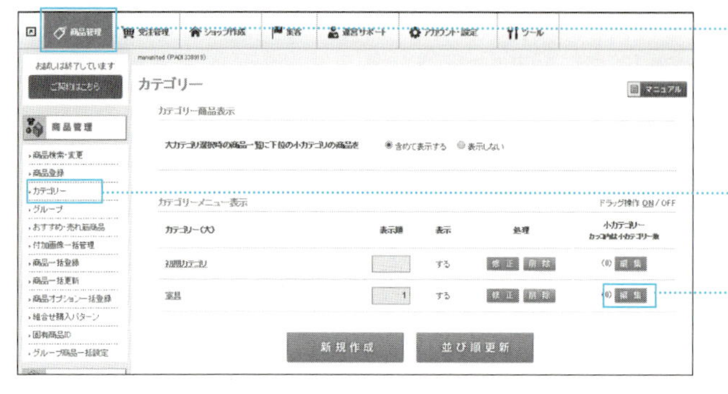

❶「商品管理」をクリックします。

❷「カテゴリー」をクリックします。

❸すでに登録した「カテゴリー(大)」が表示されていることを確認し、「編集」をクリックします。

❷「新規作成」をクリックする

❶「新規作成」をクリックします。

❸「カテゴリー(小)」を登録する

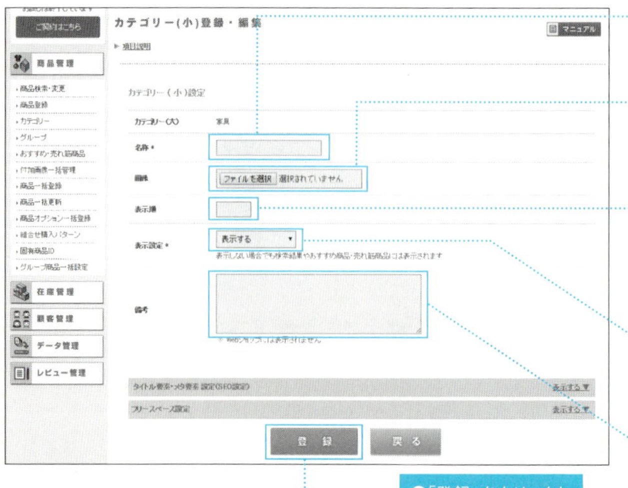

❶「名称」にカテゴリー名を入力します。

❷画像を表示させたいときは、「ファイルを選択」をクリックして、画像を選択します(省略可)。

❸複数のカテゴリーを設定した場合、表示順を半角数字で入力します(省略可)。

❹「表示する」を選択します。

❺カテゴリー(小)に関する備考を入力します。ショップには表示されません(省略可)。

❻「登録」をクリックします。

❹「カテゴリー（小）」の登録完了を確認する

❶この画面が表示されたら登録完了です。

❷さらに「カテゴリー（小）」を追加する場合は「もどる」をクリックします。

TECHNIQUE

バーコードを使う場合はタグをHTMLに貼る

「カテゴリー（小）」を修正するときは「修正」をクリックします。62ページ手順❸が表示されるので、修正して「更新」をクリック。削除するときは、「削除」をクリックし、表示されるダイアログの「OK」をクリックします。

❺「カテゴリー（小）」の追加登録をする

❶登録した「カテゴリー（小）」はここに表示されます。

❷「新規作成」をクリックして、62ページの手順❸～63ページの手順❹を繰り返します。

カテゴリー（小）の順番を並べ替える

❶「カテゴリー（小）」の表示順を並べ替える

❶「表示順」欄に並び替えたい順番（「1」が最上位表示）に半角数字を入力します。

❷「並び順更新」をクリックして表示されるダイアログで「OK」をクリックすると、入力した数字の順に並び替わります。

商品の基本的な情報を登録する

❶「商品登録」をクリックする

❶「商品管理」をクリックします。

❷「商品登録」を選択してクリックします。

❷「商品登録」ページで入力する

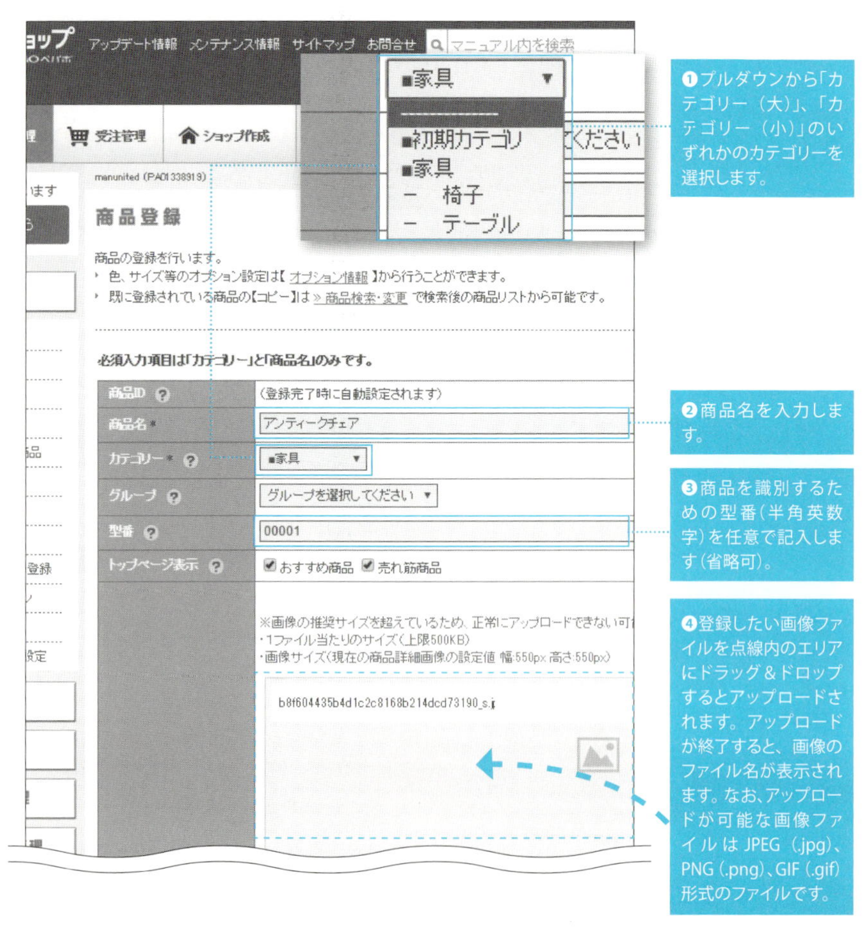

❶プルダウンから「カテゴリー（大）」、「カテゴリー（小）」のいずれかのカテゴリーを選択します。

❷商品名を入力します。

❸商品を識別するための型番（半角英数字）を任意で記入します（省略可）。

❹登録したい画像ファイルを点線内のエリアにドラッグ＆ドロップするとアップロードされます。アップロードが終了すると、画像のファイル名が表示されます。なお、アップロードが可能な画像ファイルは JPEG（.jpg）、PNG（.png）、GIF（.gif）形式のファイルです。

TECHNIQUE

「削除」をクリックすると、アップロードした画像を削除できます。

❺ダウンロード販売を行う場合はチェックを入れます。

❻定期購入商品の場合はチェックを入れます。

❼「販売価格」「会員価格」「定価」「原価」「個別送料」を税抜価格で入力します。「会員価格」を入力するには別途、会員向けの設定が必要です。入力しない場合は自動的に「販売価格」と同じ価格が入力されます。「原価」は入力してもショップページには表示されません。「個別送料」は「0」を設定すると送料無料、未入力の場合は個別送料を使用しないことになります。

❽「在庫数」「在庫表示管理」を設定します。「在庫管理する」を選択し、「在庫数」を設定すると、商品が売れるごとに在庫数が減り、在庫が「0」になると商品を購入できなくなります。「在庫管理表示」では、「売り切れ時の商品表示」を「表示しない」にすると、在庫が「0」になったときにショップページでその商品は表示されなくなります。設定した「適正在庫数」を下回ると、商品の残りが少ないことを伝えるコメントを商品ページに表示(150ページ)することも可能です。

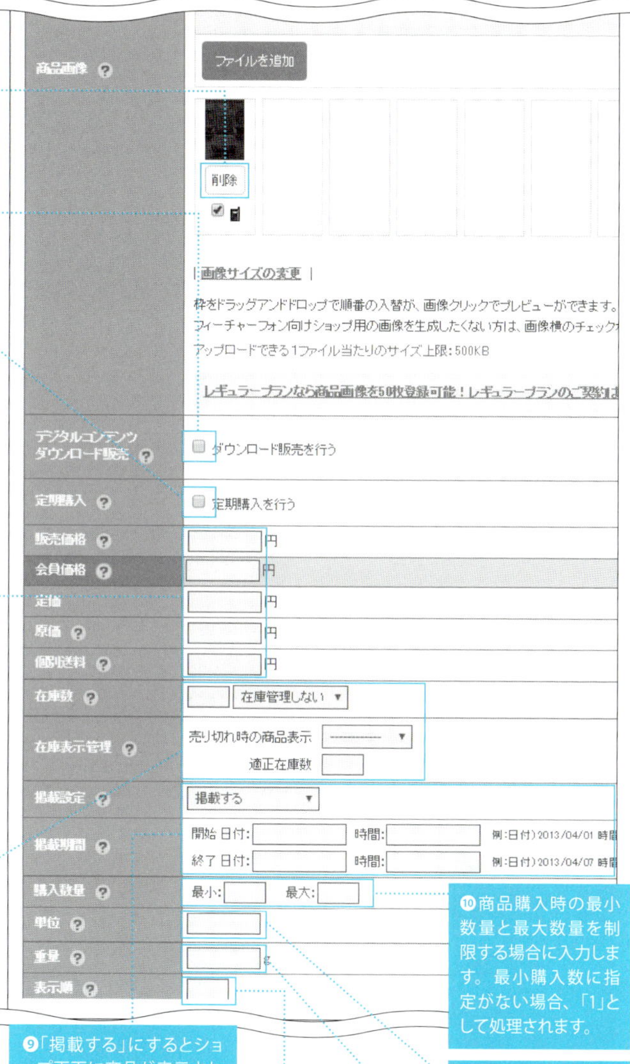

❾「掲載する」にするとショップ画面に商品が表示され、「掲載しない」を選択するとショップ画面に商品が表示されません。「会員のみ掲載する」を選択すると会員ページにログイン中の人にのみ表示され、「会員のみ購入可能」を選択するとログインしている場合のみ購入できるようになります。 掲載期間では商品ページを掲載する開始日時と終了日時を指定できます。

❿商品購入時の最小数量と最大数量を制限する場合に入力します。最小購入数に指定がない場合、「1」として処理されます。

⓫商品の単位(個、枚など)を入力します。

⓬商品の重量を入力します。重量によって配送料が変わる場合は必ず入力します。

⓭カテゴリー内の表示順を指定できます。「1」を入力すると、カテゴリーページで1番目に表示されます。未入力の場合、カテゴリの先頭に表示されます。

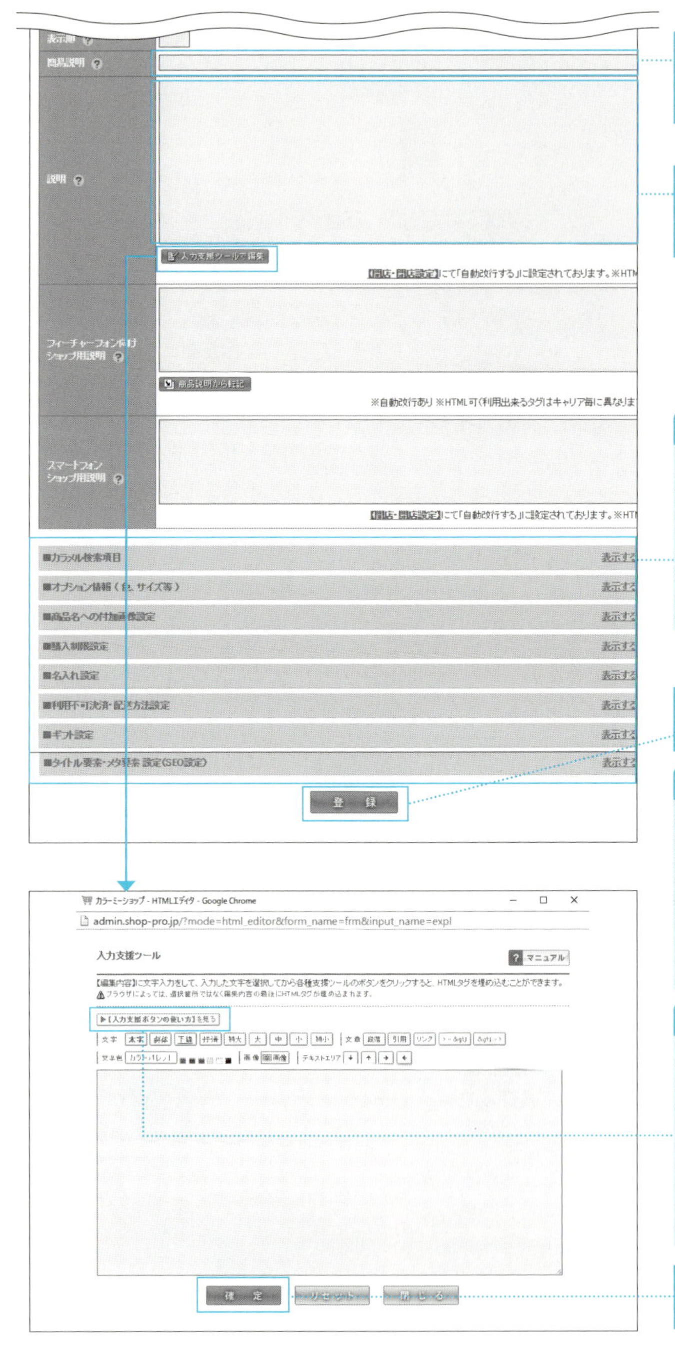

⑭商品一覧に表示される「簡易説明」を入力します。

⑮商品詳細画面に表示される「説明」を入力します。

ADVICE

ここからさらに詳細な設定ができる

ここからさらに詳細な設定ができます。設定方法は68ページ参照。

⑯「登録」をクリックします。

TECHNIQUE

「入力支援ツール」を使えば入力がかんたん

入力支援ツールを使えば、かんたんに文字を太くしたり、色を付けられます。

ADVICE

入力支援ツールの使い方を知りたいとき

「▶【入力支援ボタンの使い方】を見る」をクリックすると、それぞれの使い方を表示できます。

⑰最後に「確定」をクリックします。

PART 1
PART 2
PART 3
PART 4
PART 5

❸「商品登録」を確認する

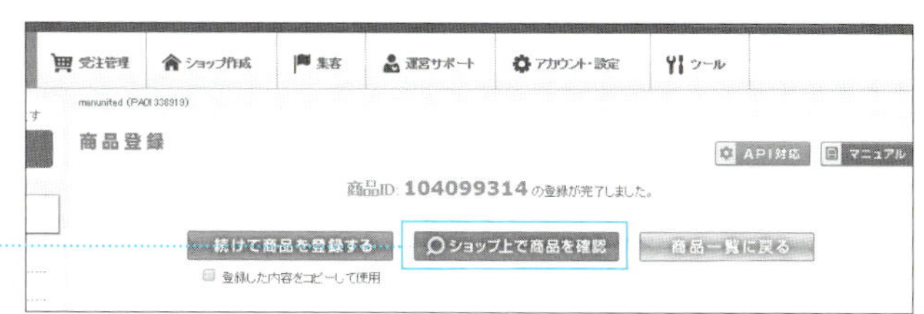

❶登録内容を実際のウェブサイトで確認する場合は、「ショップ上で商品を確認」をクリックします。

❹登録した商品をウェブページで確認する

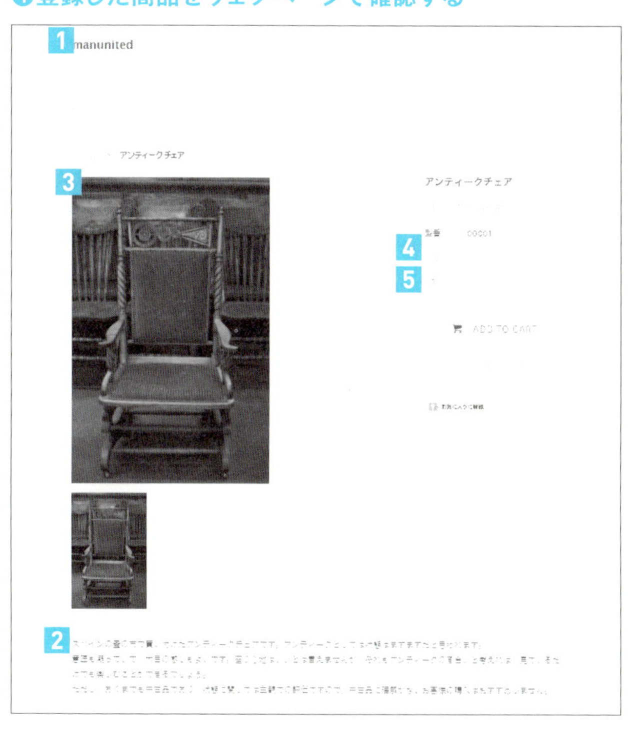

1 ショップタイトル

2 商品名&商品説明……64ページの❷『「商品登録」ページで入力する』の手順③、66ページの❷『「商品登録」ページで入力する』の手順⑮で設定します。

3 商品写真……64ページの❷『「商品登録」ページで入力する』の手順④で設定します。

4 定価、販売価格……65ページの❷『「商品登録」ページで入力する』の手順⑦で設定します。

5 型番……64ページの❷『「商品登録」ページで入力する』の手順②で設定します。

詳細な「商品設定」を行う

❶「商品登録」ページの各項目について理解する

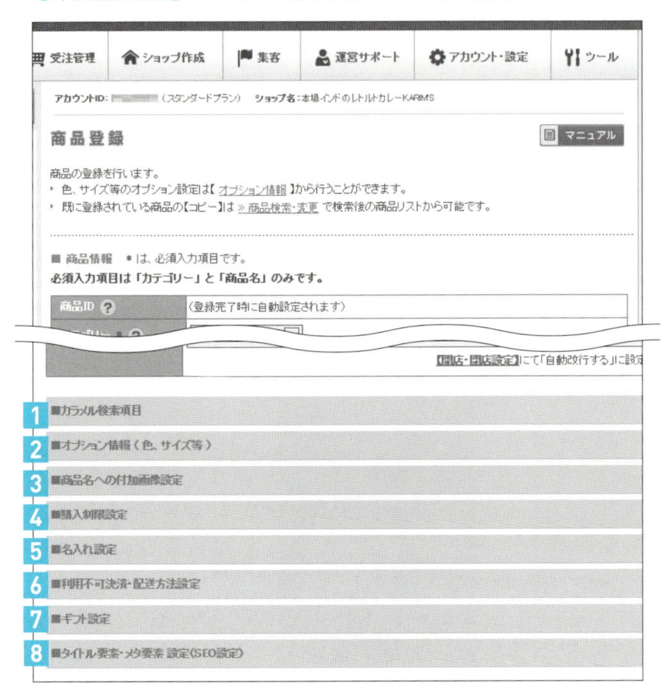

1 カラメル検索項目……カラメル検索用の項目です。本書では説明を省略します。

2 オプション情報（色、サイズ等）……オプションの表示形式を変更します。

3 商品名への付加画像設定……商品名に「NEW」「SALE」「オススメ」などのアイコンを表示させることができます。

4 購入制限設定……年齢制限設定、商品同梱不可設定、同一会員の最大購入数制限を行えます。

5 名入れ設定……レギュラープラン以上で利用できる設定です。商品に名入れ設定を利用する際にチェックを入れます。6 利用不可決済・配送方法設定……当該商品の利用できない決済手段と配送方法を設定できます。

7 ギフト設定……「熨斗（のし）」「メッセージカード」「ラッピング」などギフト設定（72ページ）している場合に、当該商品の「ギフト設定」を不可にします。

8 タイトル要素・メタ要素設定（SEO設定）……SEOに関する設定を行います。専門知識が必要なため、本書では説明を省略します。

❷「商品登録」ページを表示する

2「オプション情報(色、サイズ等)」の設定

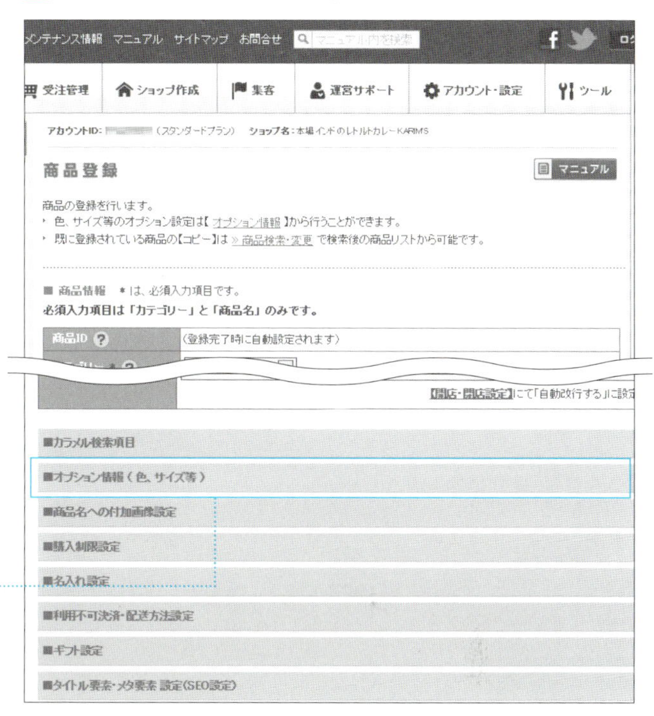

ADVICE

「オプション情報」はどんなときに使うの?

オプション情報(色、サイズ等)は、その商品に色、サイズのバリエーションがある場合に使用します。たとえば、商品Aが「赤」「青」の2色、「S」「M」「L」のサイズがあるとき、プルダウン形式か表形式で表示してくれます。これにより、お客様は色とサイズを指定して商品を注文できるようになります。

❶「オプション情報(色、サイズ等)」をクリックします。

「オプション設定」画面

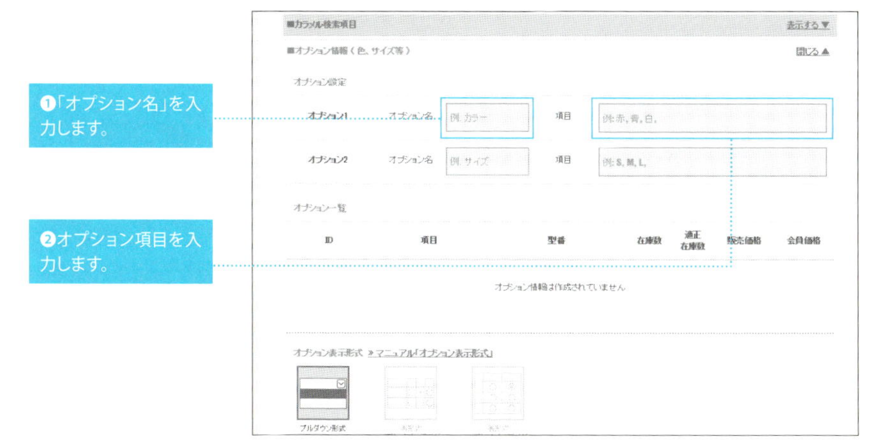

❶「オプション名」を入力します。

❷オプション項目を入力します。

「オプション一覧」画面

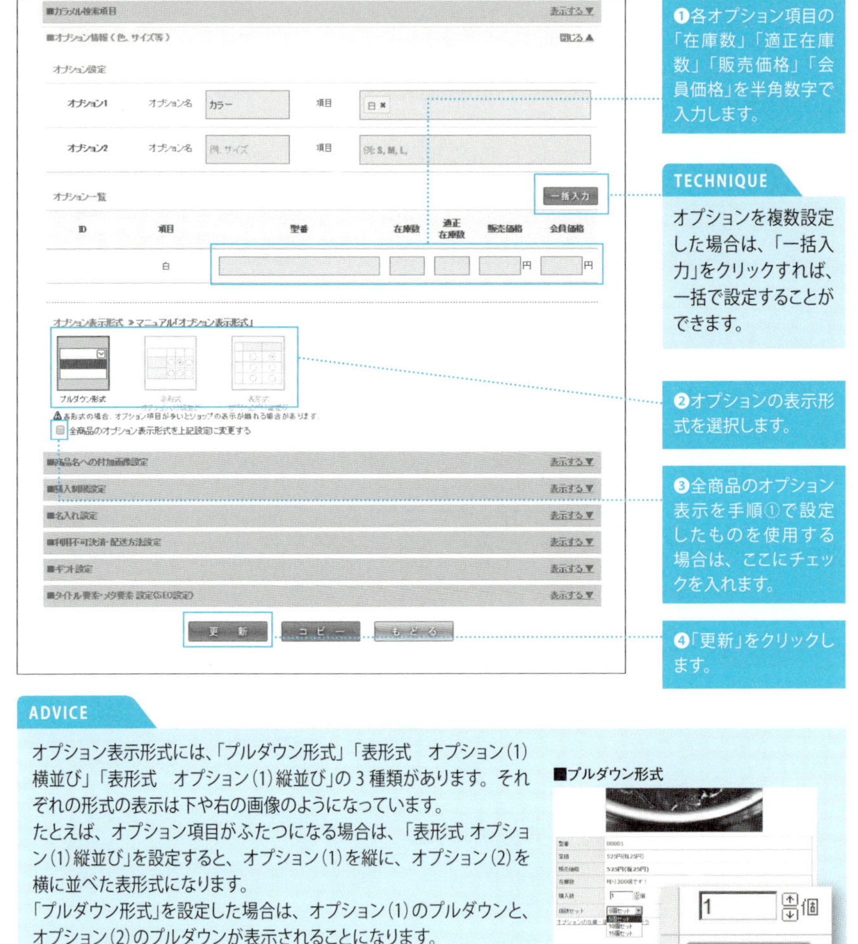

ADVICE

オプション表示形式には、「プルダウン形式」「表形式　オプション(1)横並び」「表形式　オプション(1)縦並び」の3種類があります。それぞれの形式の表示は下や右の画像のようになっています。
たとえば、オプション項目がふたつになる場合は、「表形式 オプション(1)縦並び」を設定すると、オプション(1)を縦に、オプション(2)を横に並べた表形式になります。
「プルダウン形式」を設定した場合は、オプション(1)のプルダウンと、オプション(2)のプルダウンが表示されることになります。
お客様が商品購入をする際に、もっともわかりやすい表示形式を選択するようにしましょう。

■プルダウン形式

■表形式 オプション(1)縦並びオプションをふたつ設定した場合

■表形式 オプション(1)縦並び

■表形式 オプション(1)横並び

3「商品名への付加画像設定」の設定

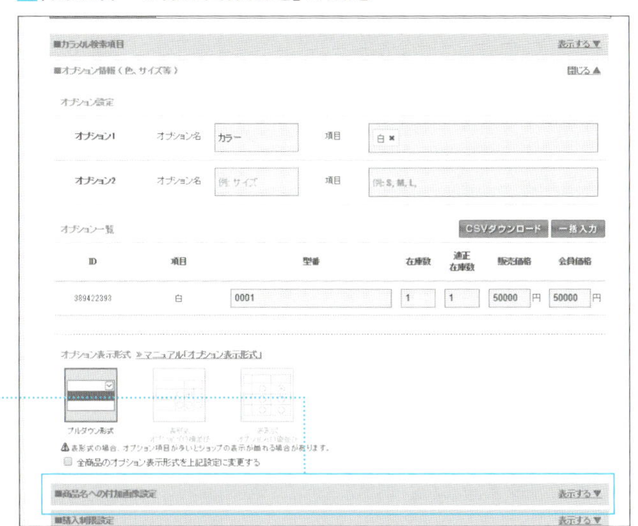

❶「商品名への付加画像設定」をクリックします。

「付加画像設定」画面

■商品名への付加画像設定　閉じる▲

付加表示設定　◉表示しない　○前方に表示　○後方に表示

付加表示期限　例：日付）2004/01/01

NEW / SALE / オススメ / 値下げ / 売切れ / 再入荷

❶付加画像を表示しない場合は「表示しない」、表示する場合は、表示する位置を「前方に表示」か「後方に表示」から選択します。

❷表示する際の期限を「2016/01/01」の形式で入力します。記入された設定日付まで表示します。指定しないと無期限になります。

❸使用する画像を選択し、画面下部の「更新」をクリックします。

ADVICE

付加画像を設定すると、右の画像のように表示されます。「前方に表示」に設定しているので、商品名の前方に「NEW！」という付加画像が表示されています。このほかに「SALE」や「オススメ」などが用意されているので、用途に合わせて上手に使いましょう。

NEW! アンティークチェア
54,000円(税4,000円)
型番　00001
カラー

4「購入制限設定」の設定

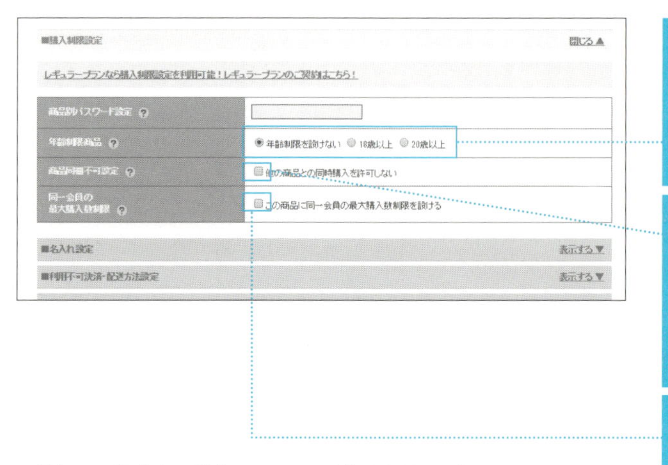

❶商品の購入に関する年齢制限を「年齢制限を設けない」「18歳以上」「20歳以上」から選択してチェックを入れます。

❷他商品と同時に購入できなくなる制限を追加します。商品配送時にほかの商品と同梱できない商品は、ここにチェックを入れます。

❸商品の購入数を制限する場合は、ここにチェックを入れます。

5「名入れ設定」の設定→180ページで説明します。

6「利用不可決済・配送方法設定」の設定

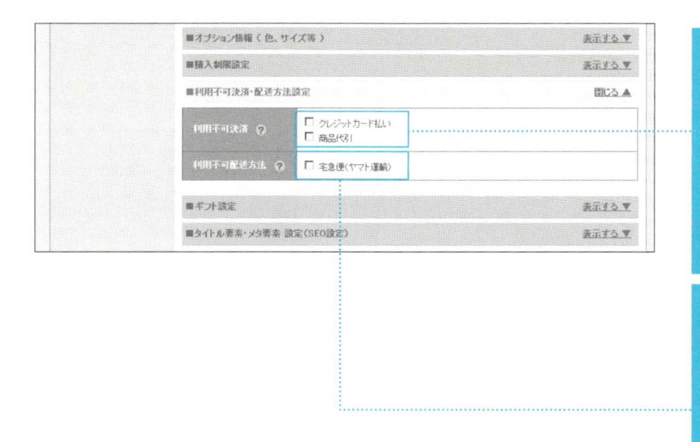

❶当該商品では利用できない決済方法にチェックを入れます。99ページ『「決済方法編集」ページに必要事項を記入する』の手順⑦で「表示する」に設定している決済方法のみ指定できます。

❷当該商品では利用できない配送方法にチェックを入れます。106ページ『「配送方法編集」ページに必要事項を記入する』の手順❿で「表示する」に設定している配送方法のみ指定できます。

7「ギフト設定」の設定

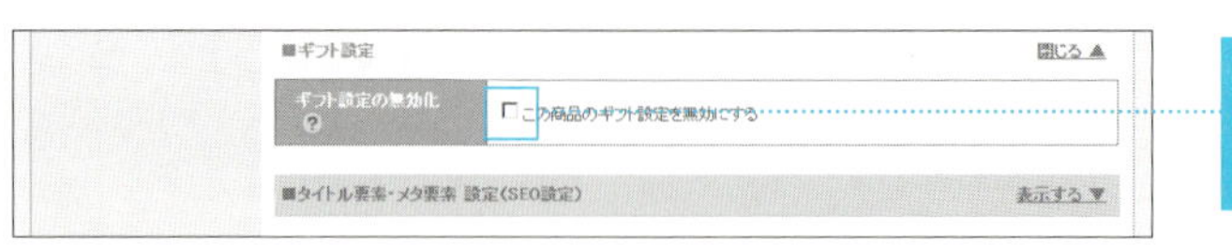

❶ギフト設定を無効にする場合は、ここにチェックを入れます。

ADVICE

「ギフト設定の無効化」の設定は、あらかじめ「ギフト設定」をしている場合のみ有効です。
ギフト設定は、【管理者ページ】→【配送方法設定】→【ギフト設定】で設定できます。ここではギフト用の「熨斗」、「メッセージカード」、「ラッピング」について、手数料や説明文が設定できるようになっています。配送時にギフト配送を行うショップは、設定しておきましょう。

❸設定した項目を更新する

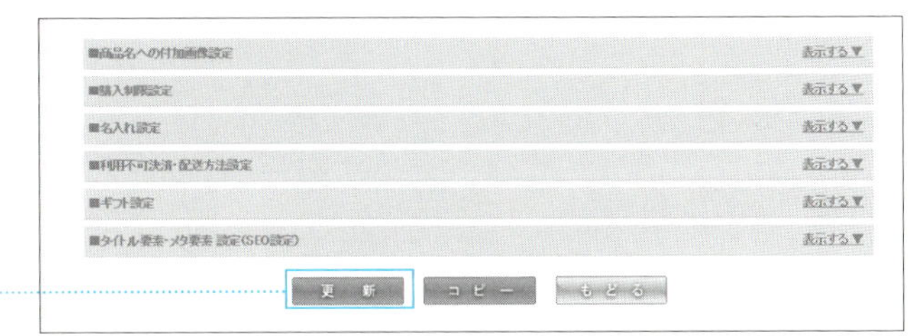

❶すべての設定が終わったら、「更新」をクリックします。

❹ショップページ上で商品を確認する

❶「ショップ上で商品を確認」をクリックし、ショップ上で商品ページを確認します。

PART 3

【STEP2】トップページを設定する

トップページに表示する基本的な項目を設定する

ネットショップの顔ともいえる「トップページ」の表示項目の設定を行います。

具体的には、「店名」や「店長からの一言」や「ファビコン」、「コピーライト」などの基本的な項目について設定しますが、見た目を左右するデザインに関しての設定は、ここでは行いません。デザインに関する設定は86ページの「ショップをデザインする」で行います。

ここで設定するのは、以下の項目です。

・ショップタイトル（店名）
・ショップロゴ画像
・ファビコン
・コピーライト
・お知らせ
・フリースペース
・店長の顔画像
・店長名
・店長日記URL
・店長一言メモ

なかでも特に重要なのは「ショップタイトル（店名）」です。開店後、すぐにショップタイトルを変更するのは好ましくありません。そうならないようにじっくりと考えましょう。

次に大切なのは店長に関する項目です。

実店舗では、お客様にわからないことがあれば、店員に聞いて買うことができます。しかし、ネットショップは対面販売ではありません。お客様にとって店員の顔が見えないことは不安要因になることはあっても、安心材料になることはないでしょう。

店長の顔画像や店長名など店長に関連する項目は入力必須の項目ではありません。しかし、お客様の不安軽減のためにも、店長に関する項目はできるかぎり掲載することをオススメします。

最近では、パッケージに生産者の名前と顔写真を入れて販売する野菜や果物が増えています。こうすることで、消費者に安心感を与える効果が期待できるからです。ショップページに店長の顔写真やコメントを掲載するのも、これと同じ効果が期待できます。

「トップページ設定」で設定する場所

※テンプレートによって表示される場所は異なります。

KEYWORD

ファビコン

ウェブサイトのシンボルマーク・イメージとして、ウェブサイト運営者がウェブサイトやウェブページに配置するアイコンのこと。下の画像のように、URLの頭につくアイコンなどに利用される。

http://shop-pro.jp/

コピーライト

著作権のこと。または著作権を保護するために記載される表示のこと。著作権法の対象となる著作物は、小説や随筆、論文、絵画、写真、図形、立体造形物、建築、音楽、映画、コンピュータプログラムなど。製作物の著作者に著作権が付与され、他人が許可なく複製や改編、再配布できないように保護される。著作権はすべての著作物に自動的に発生するが、©と著作権者の氏名、最初の発行年を表示する「コピーライト」を表記するのが一般的になっている。

トップページを設定する

トップページ設定を行う

❶「ショップ情報」をクリックする

TECHNIQUE

ウェブサイトなどで、「Copyright © 2010-2016 ○○○○ All Rights Reserved.」といった表記を見たことがあるのではないでしょうか。コピーライト（Copyright）とは、誰がつくった作品にでも自動的に発生する著作権のことですが、その意味を理解している人はそれほど多くはありません。
「Copyright」は著作権で、次の©はコピーライトマークです。このコピーライトマークは、(C)と表記されることもあります。次に「2010-2016」の部分は、2010年に初めて公開され、2016年に最新の更新が行われたことを意味します。そして、次の「○○○○」の部分には、作者名や企業名を記入します。
最後の「All Rights Reserved.」は、「著作権を所有しています」ということを意味しています。

コピーライト表示の必須項目は、「©」の記号と「著作権者の氏名」、「最初の発行年および最新の更新年」の3点だけです。「Copyright」と「All Rights Reserved.」は省略してもかまいません。また、表記順に決まりはないので、どんな順番で表記しても問題はありません。

❷「トップページ」設定画面を表示する

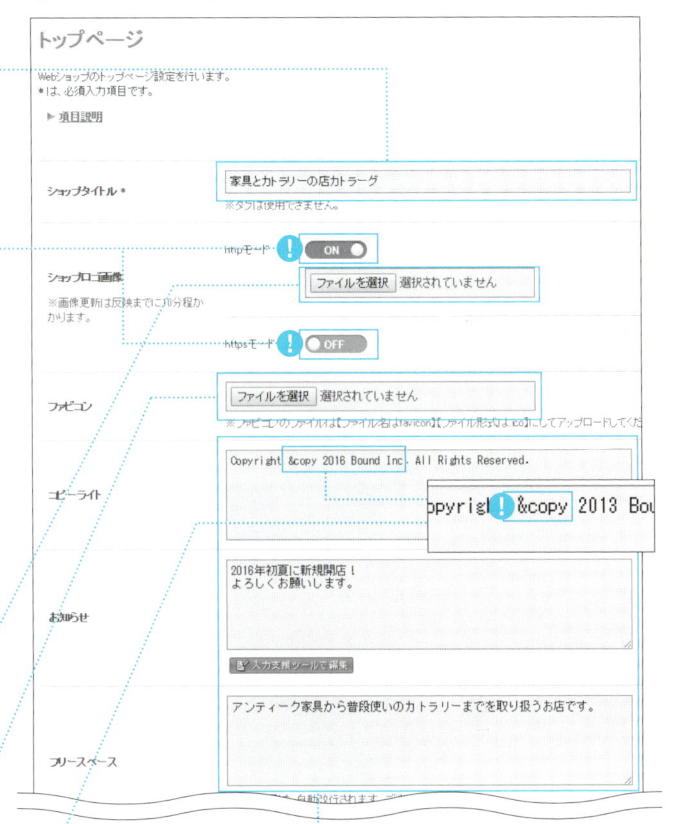

❶「ショップタイトル」にショップ名を入力します(入力必須)。

TECHNIQUE

「http モード」を「ON」にすると、ショップにロゴ画像を設定できます。「https モード」を「ON」にして画像を選択すると、SSL を利用した[マイアカウント][お問合せ][メルマガ登録・解除][決済][友達に教える]の各ページ(これらのページは「https://」で始まります)にロゴ画像を設定できます。

❷「ショップロゴ画像」をトップページに表示する場合は、「ファイルを選択」をクリックして画像ファイルを選択します(省略可)。画像が登録されると、下に表示されます。

❸「ファイルを選択」をクリックして、ファビコンの画像を選択します。ファビコンファイルは、ファイル名が「favicon.ico」でないと、正常に反映されません。

TECHNIQUE

©マークをウェブサイト上で表示する場合には、©を入力したいところに「©」と入力します。

❹それぞれの項目に応じた内容をテキストで入力します。

TECHNIQUE

ショップロゴがあるなら、ロゴを表示するとより見栄えがよくなります。ロゴを表示すると、左寄せに配置されます(テンプレートによって違う場合があります)。

●ショップタイトルを表示する場合

●ショップロゴ画像を表示する場合

❺「店長名」を入力します（省略可）。

❻サイトに掲載する「店長一言メモ」を入力します。お客様に向けてのコメントを書きましょう。

ADVICE

店長の写真をトップページに表示すれば、お客様は安心して買い物をしやすくなるという効果が期待できるので、可能であれば掲載しましょう。

❼「ファイルを選択」をクリックして、顔画像のファイルを選択し、「開く」をクリックします（省略可）。

❽「更新」をクリックします。

❸ショップページを表示する

❶ショップページを開いて、設定した項目がどのように表示されるかを確認します。

「httpsモード」の設定を行う

❶「トップページ」設定画面を表示する

❶ 77ページの「トップページ」画面を表示します。

❷ボタンをクリックして「OFF」から「ON」にします。

❸「ファイルを選択」をクリックして画像を選択します。

❹画面下部の「更新」をクリックします。

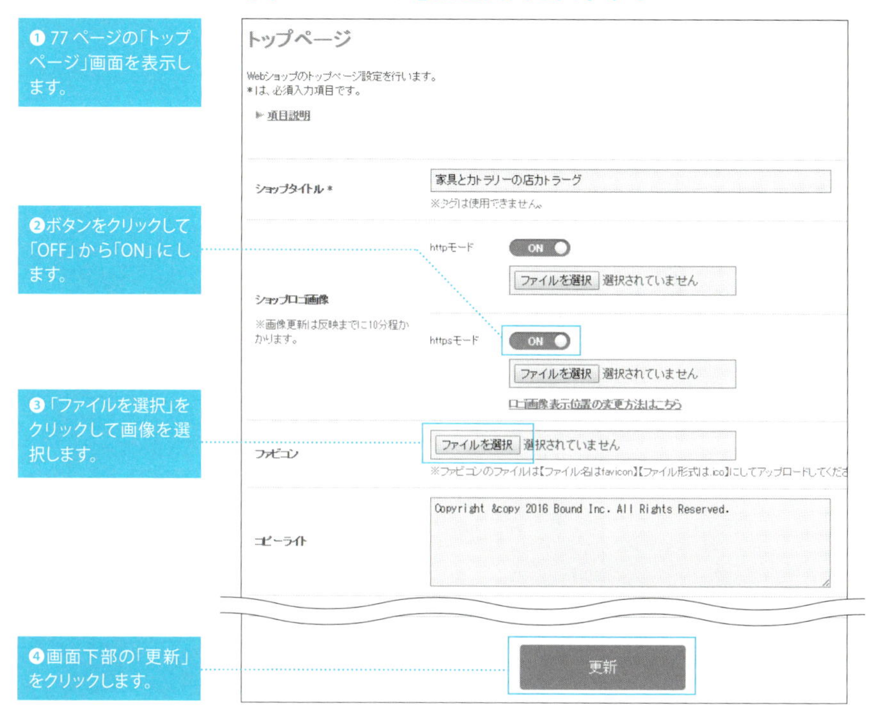

❷SSL対応画面を表示する

❶ SSL対応画面を表示します（右の画像は「カート画面」）。ロゴは左寄せで表示されます。

PART 3

【STEP3】特定商取引法の設定を行う

特定商取引法に関する表記は必須事項

ネットショッピングをしているときに、「特定商取引法に基づく表示」というページを見た覚えがある人は多いはずです。「特定商取引法（以下、特商法）」は、正式名称は「特定商取引に関する法律」で、消費者保護関連の法律のひとつです。

具体的には「訪問販売」「通信販売」「電話勧誘販売」など7つの特定の取引形態で、消費者の利益を保護、トラブル防止を図るため、「一定事項の表示の義務付け」、「誇大広告の禁止」などのルールを定めています。

ネットショップ開店の際は、「特商法」に則り（のっとり）、一定事項の表記が必須ですが、**カラーミーショップなら、かんたんに「特定商取引法に基づく表示」ページを作成できます。**

具体的には以下の項目を掲示します。

①事業者名（会社名・屋号・住所・電話番号・FAX番号・メールアドレスなど）
②代表者名（代表者または業務責任者）
③商品の販売価格
④商品代金以外に必要となる費用
⑤代金の支払方法と支払時期
⑥商品の引き渡し時期
⑦返品・交換の可否と条件（**返品特約**）

なお、返品というと一定期間内なら返品が可能な「**クーリングオフ制度**」を思い浮かべるかもしれません。しかし、これは「特商法」で定める訪問販売や電話勧誘販売、連鎖販売取引（マルチ商品）などには適用されるものの、ネットショップなどの「通信販売」は適用外です。

特商法ではこのほかに「実際より著しく優良、または有効であると思わせるような表示の禁止」「顧客の意に反し、契約の申し込みをさせようとする行為の禁止」「注文完了前に注文内容の確認画面の表示」などを定めています。

法律というと身構えてしまいがちですが、お客様に対して常識を逸脱する不誠実な対応をしなければ問題はありません。詳しいことは、消費者庁の「特定商取引法ガイド」（http://www.no-trouble.go.jp/）が参考になります。

特定商取引法の書き方

①事業者名
ネットショップの販売責任者やネットショップの所在地、住所や電話番号などの連絡先を明示します。これはトップページから誰でもかんたんにアクセスできる場所に記載しなければいけません。

＜事業者名の書き方例＞
ショップ名　〇〇〇〇〇〇
住所　東京都新宿区新宿 1-1-1
電話番号　03-3333-1234

②代表者名
代表者名もしくはネットショップの責任者名を明示しなければいけません。

＜代表者名の書き方例＞
代表者名（または業務責任者名）　技術太郎

③商品の販売価格
各商品の販売価格がわかるように税込価格を明示します。この項目は特定商取引法のページではなく、各商品が掲載されているページに明示します。

④商品代金以外に必要となる費用
販売価格以外にお客様が支払う必要がある費用をすべて明記します。具体的には送料、梱包料金、代金引換手数料、組立費などが含まれます。振込手数料や郵便振替手数料については金融機関によって異なるので、それぞれ表示する必要があります。キャンセル料が発生する場合は、それも明記します。

＜その他費用の書き方例＞
【送料】
梱包料　〇〇〇円
代引き手数料　〇〇〇円
キャンセル料　商品価格の〇%

⑤代金の支払方法と支払時期
消費者が商品を購入する場合に代金を支払う時期を明示します。前払い、後払い、代金引換の 3 つの場合について、支払時期の表示例を示します。

＜前払い式の書き方例＞
「入金確認次第、即時に商品を送付いたします。」
「入金確認後 3 日以内に商品を発送します。」
＜後払い式の書き方例＞
「商品到着後、同封の振込用紙にて 1 週間以内にお振り込みください。」
＜代金引換式の書き方例＞
「商品到着時に配送員に代金をお支払いください。」

⑥商品の引き渡し時期
引き渡し時期は消費者からの注文受付後にお客様に商品が届く時期を指します。「〇日以内」、「〇月〇日まで」というように期間または期限をもって明確に表示する必要があります。

＜商品の引き渡しの時期の書き方例＞
「代金入金確認後、〇日以内に発送します。」
「代金入金確認次第、速やかに発送します。」
「商品到着時に配達員に代金をお支払いください。」

⑦返品・交換の可否と条件
返品の受付の可否を表示する必要があります。返品を認めない場合は「返品不可」と表示して明確にする必要があります。なお「返品不可」と表示しても、商品に瑕疵（かし）がある場合には、民法上の責任を免れることはできません。

＜商品交換に関する表示例＞
「商品に欠陥がないかぎり返品には応じません」
「商品に欠陥がない場合であっても、〇日間に限り返品に応じます。送料は商品に欠陥がある場合は当方が負担しますが、そうでない場合はお客様の負担になります」

KEYWORD

返品特約
インターネット販売を含む通信販売はクーリングオフ制度の対象外だが、消費者が通信販売で商品を購入した場合は、商品到着後8日以内に返品に関わる送料などを消費者が負担すれば売買契約を解除できる。ただし、通信販売事業者が返品の条件（返品特約）をショップサイトにわかりやすく明示すれば、例外的に、その条件が優先される。

クーリングオフ制度
契約後に冷静に考え直す時間を消費者に与え、一定期間内であれば無条件で契約を解除できる制度のこと。通常は一度契約が成立すれば、その契約に拘束され、お互いに契約を守るのが原則だが、「クーリングオフ制度」は例外的に一定期間内の契約解除を認めている。たとえば、「訪問販売」「電話勧誘販売」なら申込書面または契約書面など、契約内容を記載した書面の交付された日から計算して、8日目、連鎖販売取引（マルチ商法）は20日目まで書面で一方的に契約解除できる。

特定商取引法に基づく表記の設定

「特定商取引法に基づく表記」の設定を行う

❶カラーミーショップにログインする

❷「特定商取引法」ページを開く

❸「特定商取引法」ページに必要事項を記入する

アップデート情報 メンテナンス情報 サイトマップ お問合せ マニュアル内を検索 ログアウト ショップを表示
初心者モードに切り替え

受注管理 ショップ作成 集客 運営サポート アカウント・設定 ツール

家具とカトラリーの店カトラーグ（PA01338919）

マニュアル

トップページ 特定商取引法 プライバシーポリシー TradeSafe 書類印刷用

特定商取引法

「自動改行する」設定になっています。
変更する場合は「開店・閉店設定ページの自動改行」から設定してください。

▶ 項目説明

販売業者	
運営統括責任者名	
郵便番号	
住所	
商品代金以外の料金の説明	販売価格とは別に配送料、代引き手数料、振込手数料がかかる場合もございます。
申込有効期限	ご注文後7日以内といたします。ご注文後７日間ご入金がない場合は、購入の意思がないものとし、注文を自動的にキャンセルとさせていただきます。
不良品	商品到着後速やかにご連絡ください。商品に欠陥がある場合を除き、返品には応じかねますのでご了承ください。
販売数量	各商品ページにてご確認ください。
引渡し時期	ご注文を受けてから7日以内に発送いたします。
お支払方法	
支払期限	当方からの確認メール送信後7日以内となります。
返品期限	商品到着後７日以内とさせていただきます。
返品送料	お客様都合による返品につきましてはお客様のご負担とさせていただきます。不良品に該当する場合は当方で負担いたします。

❶必要事項を記入していきます。

TECHNIQUE

他店の特商法ページが参考になる

各項目の書き方で迷ったら、似た商品を取り扱うネットショップの「特定商取引法」のページを見ると参考になります。１店舗だけでなく、複数の店舗を見ることをオススメします。

ADVICE

HTML エンティティ化とは?

HTML エンティティ化とは、文字を異なる文字列に置き換えることです。たとえば、「a」という文字をデータ上「a」に置き換えます。これをメールアドレスに適用することで、迷惑メール配信業者などが利用する自動収集ツールからメールアドレスを収集しづらくできます。設定については、85 ページで説明します。

❷「更新」をクリックします。

❹ショップページを表示する

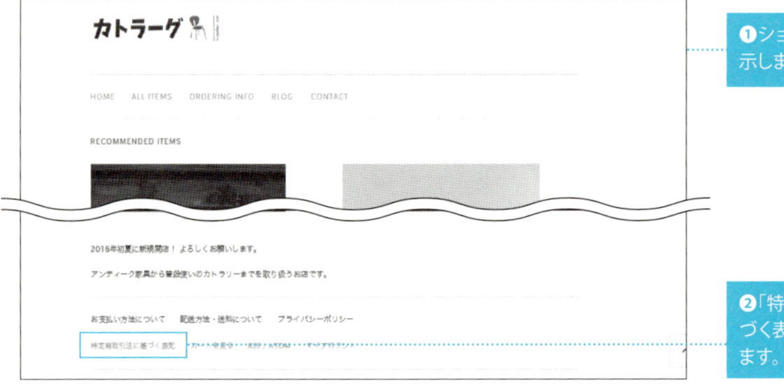

❶ショップページを表示します。

❷「特定商取引法に基づく表記」をクリックします。

❺「特定商取引法に基づく表記」ページを確認する

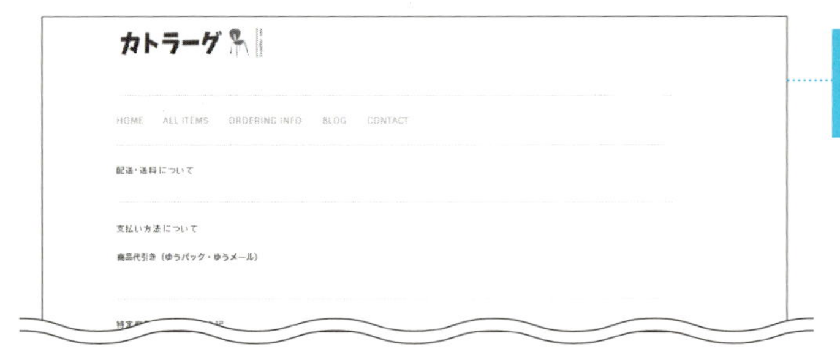

❶「特定商取引法に基づく表記」を確認します。

「HTMLエンティティ化」の設定を行う

❶「特定商取引法」のページを表示する

❶ 82ページの手順❶〜❷で「特定商取引法」のページを表示します。

❷「▼HTMLエンティティ化はこちら」をクリックします。

❷「HTMLエンティティ化」の設定をする

❶ HTMLエンティティ化をするメールアドレスを入力します。

❷「入力文字のみでHTMLエンティティ化」か、または「mailtoのリンク形式でHTMLエンティティ化」のいずれかをクリックします。

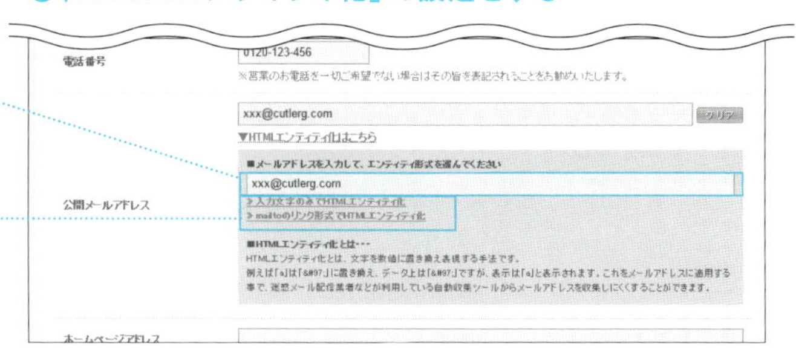

❸「HTMLエンティティ化」の確認を行う

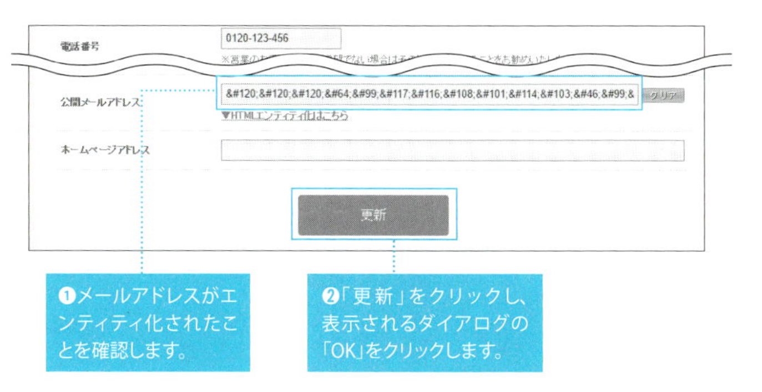

❶メールアドレスがエンティティ化されたことを確認します。

❷「更新」をクリックし、表示されるダイアログの「OK」をクリックします。

ADVICE

ふたつのエンティティ化の違い

「mailtoのリンク形式でHTMLエンティティ化」は、リンク形式で表示され、クリックするとメールソフトが起動します。「入力文字のみでHTMLエンティティ化」はリンクのない文字で表示されます。

【STEP4】ショップをデザインする

テンプレートを使えば かんたんにショップができる

【STEP3】までで設定した項目は、基本的な設定です。デザインをしなければ、ショップの特徴を出せません。

カラーミーショップでは無料のテンプレートはもちろんのこと、有料テンプレートも多数用意されています。

テンプレートは、**HTML**の知識がなくても自分好みにカスタマイズできるように設計されていますので、ショップのイメージに合ったテンプレートを探すことができます。

開店後もテンプレートの変更・カスタマイズは自由です。しかし、頻繁に変えると、お客様に覚えてもらいづらくなるのでなるべく避けましょう。

各項目の編集方法には、設定できる機能に制限があるものの基本的な項目についてかんたんに設定できる「初心者モード」と、すべての機能について設定が可能な「上級者モード」のふたつのモードが用意されています。

「上級者モード」といっても特別な知識が必要なわけではありません。本書を読めば、ネットショップを開店させるのに基本的な設定はできるようになります。「上級者モード」で設定できるようになれば、「初級者モード」をかんたんに使いこなせるので、本書では、すべて機能を設定できる「上級者モード」を使って説明していきます。

きれいなデザインが 必ずしも重要ではない

ネットショップにとってショップページは「顔」ですからとても重要です。

しかし、**「いかに美しいデザインにするか」だけを考えるのは間違いです。芸術作品ではありませんから、いくら美しくても売れなければ意味がないからです。**

39ページで紹介した先輩ショップは、美しさだけでなく、買いたくなる工夫が施されています。自分がネットショップで買い物をした経験なども参考にしながら、お客様がつい買いたくなるようなショップのデザインを考えましょう。

デザイン設定でできること

テンプレートのカスタマイズ

テンプレートのままでは個性が出せません。文字色、背景色などを変更するほか、効果的に写真を配置するなど、工夫をしながらショップのイメージに合ったカスタマイズをしましょう。また、テンプレートによって各項目の表示位置が変わるので、テンプレートに合うカスタマイズを考えることも重要です。

ショップページのテンプレート設定

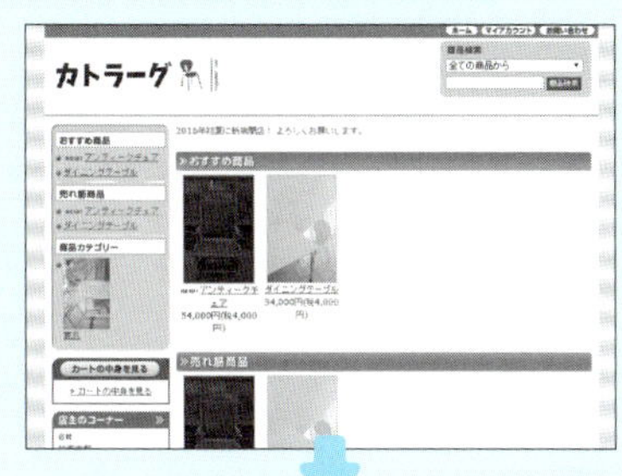

カラーミーショップには、無料のテンプレートが50種類ほど用意されています。有料ですが、ひとつのテンプレートでPC、スマホ、タブレットなどのさまざまな端末に表示できるレスポンシブテンプレートなども用意されています。テンプレートの変更はかんたんなので、変更を繰り返しながら、ショップに合うテンプレートを見つけましょう。

KEYWORD

HTML

HyperText Markup Languageの略で、ウェブページを作成するために開発された言語のこと。HTMLは文書の構造を明確にすることが主目的のため、デザイン的な設定をするには向かないという性質がある。そのため、HTMLではウェブページの構造に関する設定を行い、見た目を左右するデザインについては、HTMLとは別に、CSSで管理することが多い。

CSS

カスケーディング・スタイル・シート（Cascading Style Sheets）の略で、ウェブページのスタイルを指定するための言語のこと。HTMLなどで作成されるウェブページにスタイルを適用する際に使用される。たとえば、画面表示をウェブページ上でどのようなスタイルで表示・出力・再生するかについて指定できる。

ショップデザインを行う

新規のテンプレートを追加する

❶カラーミーショップにログインする

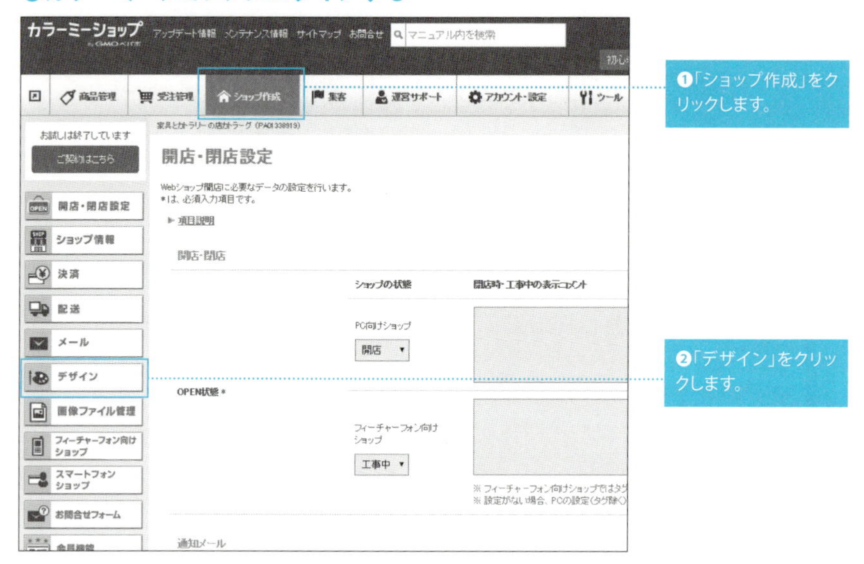

❷「新規テンプレート」を追加する

❸追加する無料テンプレートを選択する

❶「無料テンプレート」をクリックします(ここでは無料テンプレートで説明していきます)。

❷使用したいテンプレートの「追加」をクリックします。「処理が正常に終了しました」と表示されたら新規テンプレートの追加は終了です。

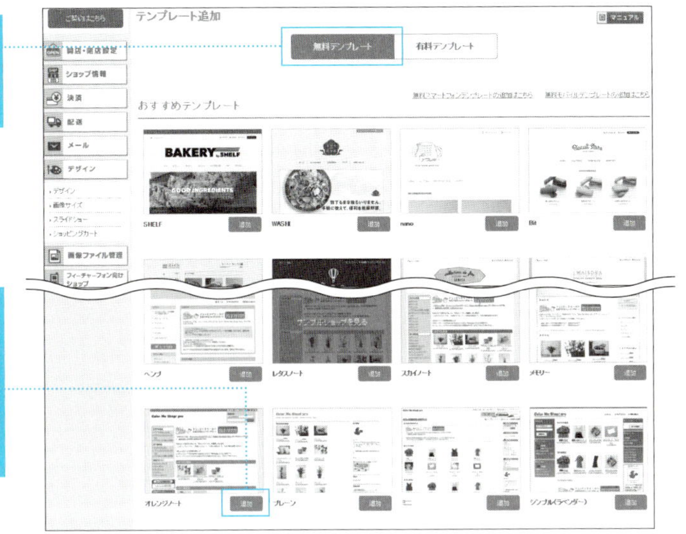

追加したテンプレートに変更する

❶追加したテンプレートに変更する

❶「デザイン」をクリックします。

❷使用したいテンプレートの「利用する」をクリックします。

❷ショップページを表示する

❶「ショップを表示」をクリックします。

❸「新規テンプレート」を適用したショップページを確認する

❶初期設定のテンプレートから新たに選択したテンプレートに変更されたことを確認します。

PART 1 PART 2 PART 3 PART 4 PART 5

テンプレートを編集する

❶「デザイン編集」をクリックする

ADVICE

「フリーページ編集」はどんなときに使う?

フリーページはその名のとおり自由に作成できるページのことです。

❶編集したいテンプレートの「デザイン編集」をクリックします。

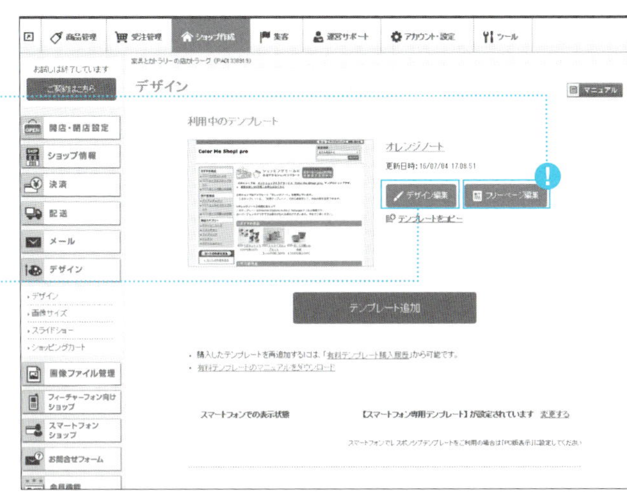

❷「デザイン編集」を行う

ADVICE

ショップページの確認は「Preview」をクリック

編集をしているページの現状を確認するときは「Preview」をクリックすると、別ウインドウでショップページが開きます。

❶テンプレート名を変える場合、テンプレート名を入力します。

❷商品の並び順を選択し、1ページに表示する表示商品数を入力します。

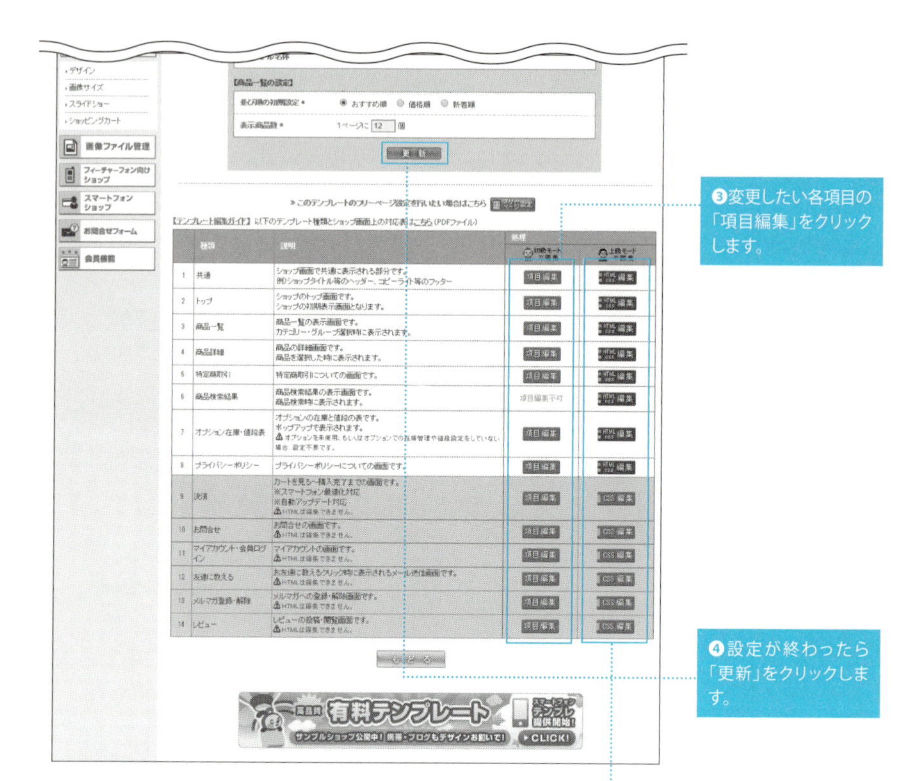

❸変更したい各項目の「項目編集」をクリックします。

❹設定が終わったら「更新」をクリックします。

ADVICE

「上級モード」の「HTML、CSS 編集」とは

HTML がウェブページ内の各要素の意味や情報構造を定義するのに対し、CSS は HTML と組み合わせて使用し、それらをどう装飾するかを指定します。下の画像は上級モードの「HTML 編集画面」ですが、クリックするだけで設定を変更できる「初級モード」とは異なり、「上級モード」では、HTML、CSS の知識がないと設定を変えられません。

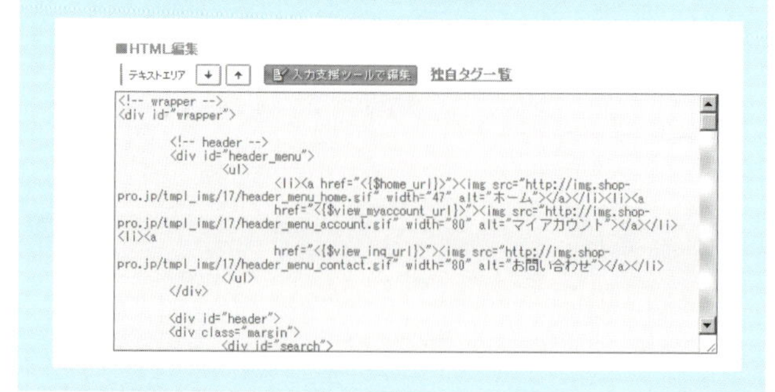

テンプレートの色と文字の大きさを変更する

❶色を変更する場合は、「選択」をクリックします。

❷文字サイズを変更する場合は、「選択」をクリックするか、半角数字で「○ px」と入力します。

ADVICE

設定を変更したら「プレビュー」で確認を

各種設定を変更したら、「プレビュー」をクリックして、ページがどのように変わったかを確認しましょう。

❸好みの色を選択します。

❹変更した色に変わっているか確認します。

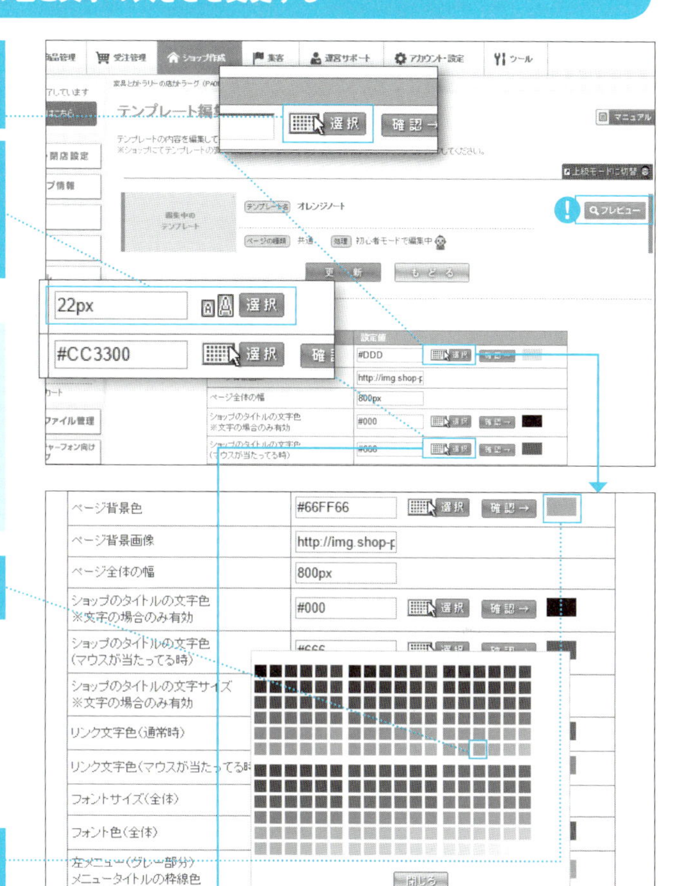

❺半角数字で文字の大きさを指定しない場合は、好みの文字の「選択」をクリックします。

❻すべての項目を変更したら、「更新」をクリックし、表示されるダイアログの「OK」をクリックします。

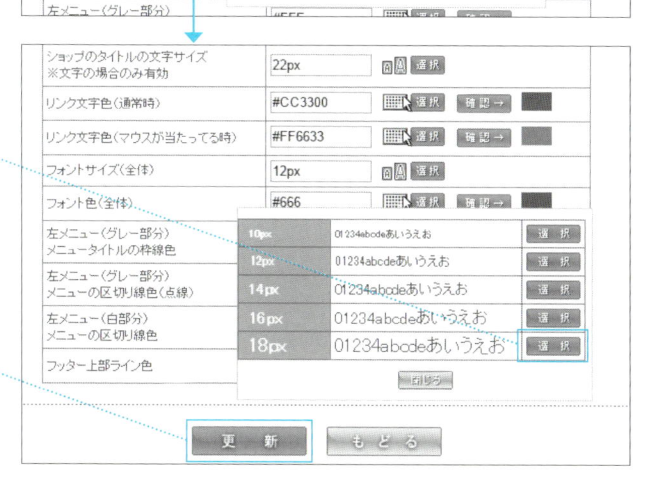

有料レスポンシブテンプレートを設定する

❶「テンプレート追加」画面を表示する

❶「テンプレート追加」画面に移動する。（88ページの手順参照）

❷「有料テンプレート」をクリックします。

❸購入したいテンプレートの「購入する」をクリックします。

❷テンプレートを変更する

❶追加したテンプレートの「利用する」をクリックします。

ADVICE

有料レスポンシブテンプレートとは？

有料レスポンシブテンプレートとは、無料のテンプレートより写真を多く載せられたり、複数のバナーを入れられたりするなど、ショップをより魅力的に引き立たせてくれるテンプレートです。また、無料版でもスマホ用のページを自動的に作ってくれますが、レスポンシブテンプレートは、よりスマホ最適化に特化しています。
無料版のテンプレートでも十分ですが、よりショップを魅力的なものにしたい人は、有料レスポンシブテンプレートの購入を考えてみてもいいでしょう。

PART 1
PART 2
PART 3
PART 4
PART 5

❸ショップページを確認する

❶ショップページを開き、テンプレートが変更されたことを確認します。

ADVICE

スマホのショップページを見る

有料レスポンシブテンプレートを使ったときのスマホのショップページ(左)と、89ページで設定した無料テンプレートを使ったときのスマホのショップページ(右)です。有料レスポンシブテンプレートを使うと、デザインがそのままスマホ版にも反映されます。

■有料レスポンシブテンプレート

■無料テンプレート

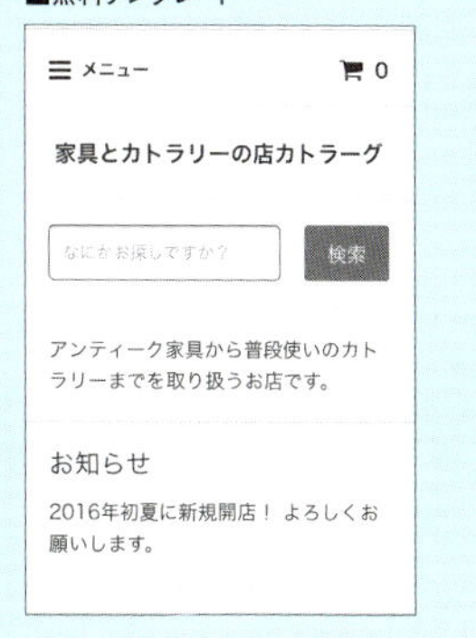

PART 3

【STEP5】決済方法を設定する

お客様の利便性を考えて決済方法を選ぶ

「決済」とは、お客様との間で代金をやりとりすることです。銀行振込や郵便振替、代金引換、コンビニ決済、クレジットカード決済などが代表的な方法ですが、近年は決済方法が多様化しています。

主な決済方法には一長一短（次ページ表参照）があります。クレジットカードはネット上で決済を完了できますが、個人情報をネット上に入力することを嫌う人もいます。代金引換（代引き）は商品と引き換えに運送業者に代金を受け渡すため、お客様にとっては安心感がある一方、日中留守がちな人は利用しづらいでしょう。コンビニ決済は近くに24時間営業のコンビニがないお客様には利用しづらい方法です。

お客様が利用できる決済方法がなければ、商品購入を躊躇するかもしれません。

ちなみに、総務省の情報通信白書（平成27年版）によると、インターネットで購入する際の決済方法は、「クレジットカード払い」が64・8％と最も多く、次いで、「代金引換」（40・3％）、「コンビニでの支払い」（36・3％）、「銀行・郵便局の窓口・ATMでの振込・振替」（27・6％）となっています。

このように、多様な決済方法を用意したほうが、よりお客様の利便性は高まります。しかし、決済方法によってはショップ側が負担する利用料が発生するので、その点も考慮しなければいけません。

代金回収代行業者を利用すれば手間が省ける

多くの決済方法を利用すると、入金確認などの作業が煩雑になりますが、こうした時間を節約したいときは、代金回収代行業者を利用する手もあります。

たとえば、**GMOイプシロン**社の決済・代金回収代行サービス「カラーミーペイメント」（134ページ参照）と契約すれば、各種決済サービスを一括で契約・利用でき、同社が一括で決済業務を代行してくれます。一定の審査が必要ですが、最短1日で利用できる点も便利です。

おもな決済方法の比較

	代金引換	銀行振込	郵便振替	クレジットカード	コンビニ決済	ネットバンク	電子マネー
特徴	現金のほか、カード支払いも可能。	指定の口座に代金を振り込む。	ゆうちょ銀行の口座に振り込む。	利用者にクレジット番号を入力してもらえば即時決済可。	支払伝票を送付、またはWebサイトからプリントアウトしてコンビニで支払う。	指定口座に入金。	専用端末で振込処理。
利用1回あたりの手数料の目安	300円～1000円（クロネコヤマト） 250円～（日本郵便）	0円～840円	0円～140円	販売代金の3%～7%	150円～500円	0円～420円	販売代金の5%～9%
初期費用	不要	不要	不要	要	要	不要	要
手数料負担者	お客様	お客様	お客様	ショップ	ショップ	お客様	―
月額利用料	不要	不要	不要	要	要	不要	要
支払時期	商品到着時	先払い 後払い	先払い 後払い	先払い	先払い 後払い	先払い 後払い	先払い
メリット	商品確認後の支払いなので、お客様に安心感がある。	初期費用が不要。誰でも利用可。	初期費用が不要で、銀行振込に比べ手数料が安い。	ウェブで支払が完了。導入システムによるが個人情報の管理が不要。	利用者の制限、利用時間の制限等がない。	24時間利用可。手数料が安い。同一銀行間では手数料無料になる。	種類によっては専用端末が必要。入金額に制限がある。
デメリット	商品到着時に在宅の必要がある。	郵便振替より振込手数料が高い。	入金照会が煩雑。	満18歳以上など利用に条件あり。	コンビニに出向く必要がある。入金照会が煩雑。	入金照会が煩雑。	種類によっては専用端末が必要。入金額に制限がある。

注：条件は利用サービスにより異なる場合があります。

KEYWORD

GMOイプシロン

GMOインターネットグループの決済代行・代金回収代行サービスを提供するグループ会社。代金回収代行以外のサービスには、「カンガルー便」の西濃運輸、郵便局の「ゆうパック」と提携した「イプシロン配送サービス」、ネットショップの売上アップをサポートするサービス「売上向上委員会 by Epsilon」がある。

イプシロン配送サービスで西濃運輸を利用すると、20kgまでの荷物なら全国一律600円で配送できる。ゆうパックは通常600円～の配送料金だが、このサービスを利用すると400円～になるなどメリットは大きい。なお、ゆうパックではチルド（冷蔵）は発送可能、クール（冷凍）は配送できない。なお、チルドゆうパックを利用するときは、別途、チルドゆうパック料金が発生する。

決済手段を登録する

「決済方法設定」を行う

❶カラーミーショップにログインする

❶「ショップ作成」にカーソルを合わせます。

❷「決済」をクリックします。

❷「決済方法設定」ページを開く

❶「決済タイプ」のプルダウンメニューから該当する決済手段を選択します。

❷決済手段を選択したら、「新規作成」をクリックします。

ADVICE

「決済方法設定」は ここからも表示できる

「決済方法設定」画面は、サイドメニューの「決済」⇒「決済方法設定」でも表示できます。

❸「決済方法編集」ページに必要事項を記入する

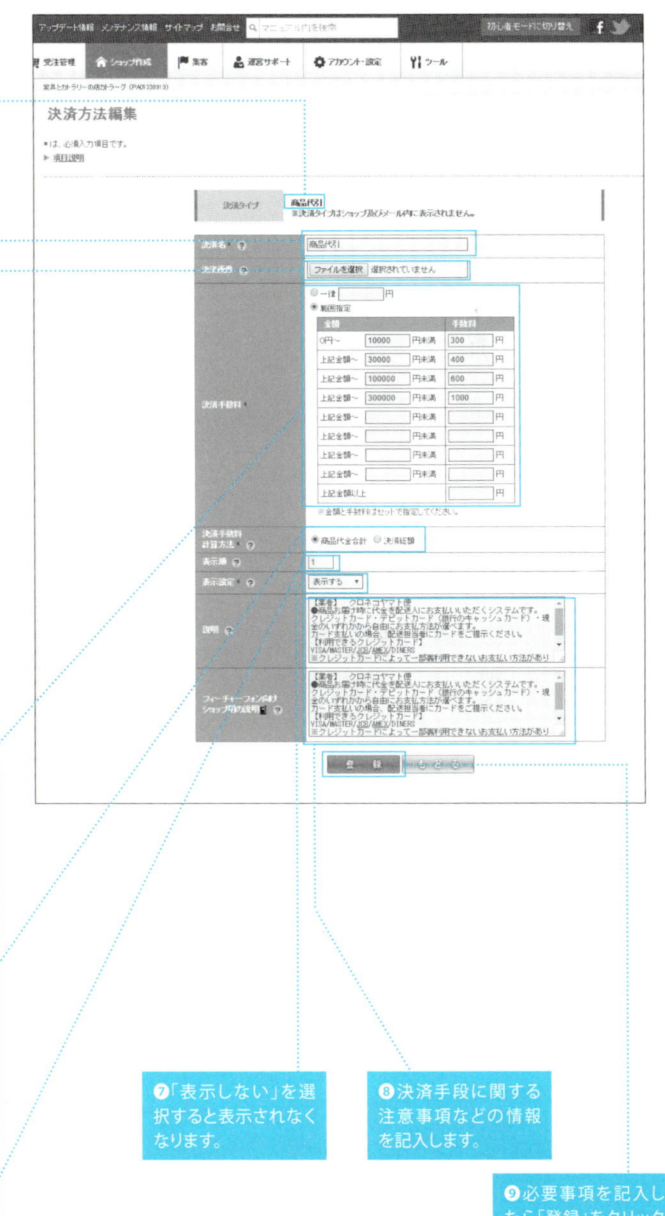

❶98ページで選択した決済手段に応じた項目が表示されます。ここでは商品代引を例に説明します。

❷「決済名」にはお客様がわかりやすい名称を記入します。

❸ロゴ画像を掲載したい場合は、「ファイルを選択」をクリックして画像を選択します(省略可)。

TECHNIQUE

各種ロゴはここで入手できる

決済ブランドロゴはイプシロンのホームページ(http://www.epsilon.jp/logo_dl/)や各社ホームページでダウンロードできます。

❹決済手数料を記入します。一律の場合は「一律」を選択し、金額によって異なる場合は「範囲指定」を選択し、記入します。記入しないと、「0円」として処理されます。

❺決済手数料の計算方法を設定します。商品代金のみで計算する場合は「商品代金合計」、送料やギフト料金などを含めた総額で計算する場合は「決済総額」を選択します。

❻複数の決済手段を掲載する際の順番を半角数字で入力します。

❼「表示しない」を選択すると表示されなくなります。

❽決済手段に関する注意事項などの情報を記入します。

❾必要事項を記入したら「登録」をクリックします。

❹「決済方法設定」画面が表示される

❶設定した決済名が表示されます。

❷決済方法を複数用意したい場合は、98ページ手順❷～99ページ手順❸を繰り返します。

❺ショップページを開く

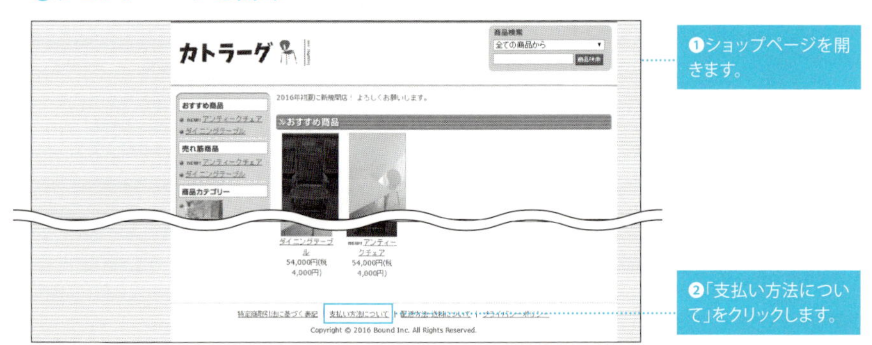

❶ショップページを開きます。

❷「支払い方法について」をクリックします。

❻実際にどのように表示されるかを確認する

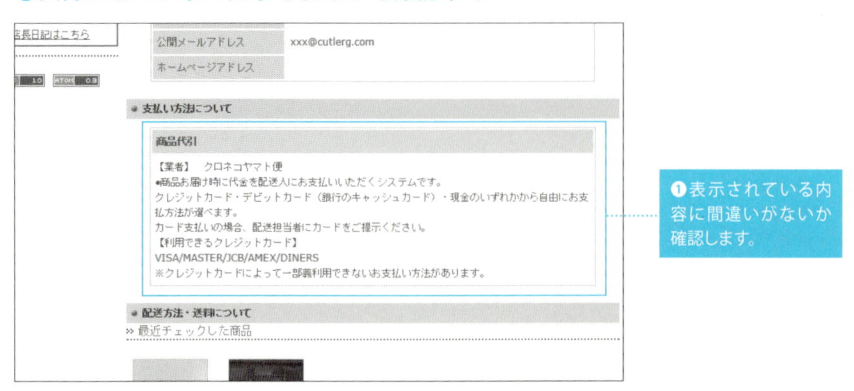

❶表示されている内容に間違いがないか確認します。

「決済方法」の表示順を並び替える

❶「決済方法設定」から並び順を変更する

❶表示する場合は、「表示順」欄に、表示したい順番を半角数字で入力します。

❷「並び順更新」をクリックします。

❷「表示順」が変更されたことを確認する

❶決済名が、入力した表示順に入れ替わります。

❸ショップページに反映されているか確認する

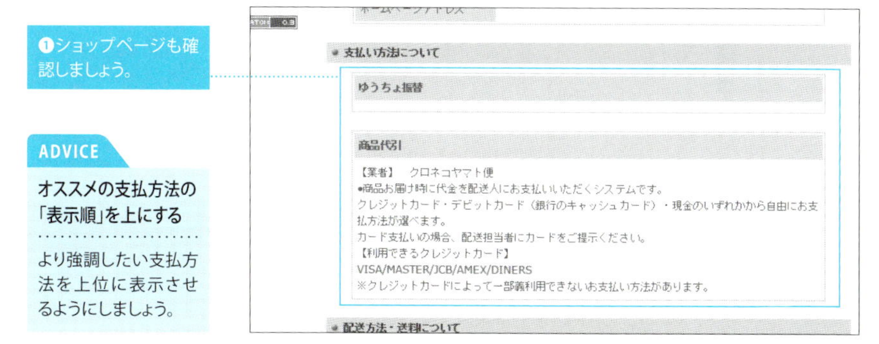

❶ショップページも確認しましょう。

ADVICE

オススメの支払方法の「表示順」を上にする

より強調したい支払方法を上位に表示させるようにしましょう。

PART 3

【STEP6】配送方法を設定する

お客様の利便性を考えて配送方法を選ぶ

ネットショップは「配送」が必要です。継続的に発生するコストですから、配送方法とその料金の設定は重要です。

商品が安くても送料が高ければ、お客様は「商品＋送料」の合計が安い他店に流れてしまうので、お客様の負担を極力抑えるようにしたいものです。

カラーミーショップでは、以下の4つの方法から送料を設定できます。

①全国一律の設定
②注文金額による設定
③送付先による設定
④商品重量による設定

①は、本来は発送先によって異なる送料を「全国一律」にする方法です。遠方からのお客様が多いと負担増になりますが、わかりやすいのがメリットです。

商品の粗利率が高く、送料が負担にならない場合は店舗側で送料を負担して「全品送料無料」にするのも手です。「送料無料」をキーワードに検索するお客様も多いので、他店に差をつける方法として一考の価値があります。

②は、価格が安いのに商品自体が大きく送料がかさむ場合などでは負担が大きくなりますが、送料負担が少ない商品なら、お得感を演出しやすい方法です。

たとえば「〇〇〇円以上の購入で送料無料」とすれば、送料を無料にしたいがために、もう1品買い足す人が増え、客単価アップに効果的です。

③は、送付先ごとに送料を決める方法です。オーソドックスな設定方法ですが、送料が高くなる遠隔地のお客様を取り逃がす可能性を考慮する必要があります。

④は送料を決めるために全商品の重量を計測する手間がかかるので、どうしても必要な場合以外はオススメできません。

送料は実費より高くしてもかまいませんが、価格が高くなれば、他社との比較で負けてしまう可能性が高くなります。

また、配送業者は料金だけでなく、受付時間や担当者の対応、破損・紛失時の補償、割引制度なども考慮して選びましょう。

おもな配送業者の比較

	ヤマト運輸 (宅急便)	西濃運輸 (カンガルー便)	日本郵便 (ゆうパック)
料金	東京～大阪(3辺計60cmまで、重量2kgまで) 840円 (持ち込みは－100円)	全国一律(3辺計130cmまで、重量20kgまで) 600円 (持ち込みは－100円)	東京～大阪(3辺計60cmまで、重量30kgまで) 800円 (持ち込みは－100円)
当日発送になる受付時間	19時までに営業所に持ち込めば、一部地域を除き、翌日配送可。営業所によっては土日祝も受付。	平日20時、土曜19時、日・祝日17時までに持ち込めば、当日発送扱い(ただし、一部営業所では時間が異なる)	東京都と大阪府の一部で引き受けた23区内宛て、23区外(島しょ除く)宛て、大阪府内宛てのゆうパックは、午前中受付で当日配達する。
配達時間指定	午前中 12時～14時 14時～16時 16時～18時 18時～20時 20時～21時	午前中 12時～14時 14時～16時 16時～18時 18時～20時 19時～21時 もしくは、 午前中 12時～14時 14時～16時 16時～18時 18時～21時	午前中 12時頃～14時頃 14時頃～16時頃 16時頃～18時頃 18時頃～20時頃 20時頃～21時頃
荷物の破損・紛失時の損害賠償限度額	最高30万円まで	最高30万円まで	最高30万円まで
割引制度	▼複数口減額制度 同一の届け先に、同時に2個以上の荷物を送る場合に、荷物は1個につき100円割引) ▼回数券サービス 10個分の金額で11個の荷物が発送できる「小口回数券」、100個分の金額で120個の荷物が発送できる「大口回数券」がある。	▼数量割引 同一荷送人から1回に出荷される個数がまとまった場合、次の割引率を適用される。 11個～50個 10%割引 51個～100個 15%割引 101個～500個 20%割引 501個以上 30%割引	▼同一あて先割引 差出日前1年以内に差し出されたゆうパックで同一のあて先が記載されているゆうパックラベルの控えを添えると、1個につき50円が割引になる。 ▼複数口割引 同じ宛先に同時に2個以上差し出すと1個につき50円が割引になる。 ▼数量割引(法人のみ) 同時に10個以上差し出す場合、割引料金が適用される。

注：条件は契約（法人契約など）により異なる場合があります。

配送設定を行う

「配送方法の登録」を行う

❶カラーミーショップにログインする

❶「ショップ作成」にカーソルを合わせます。

❷「配送」をクリックします。

❷「配送方法設定」ページを開く

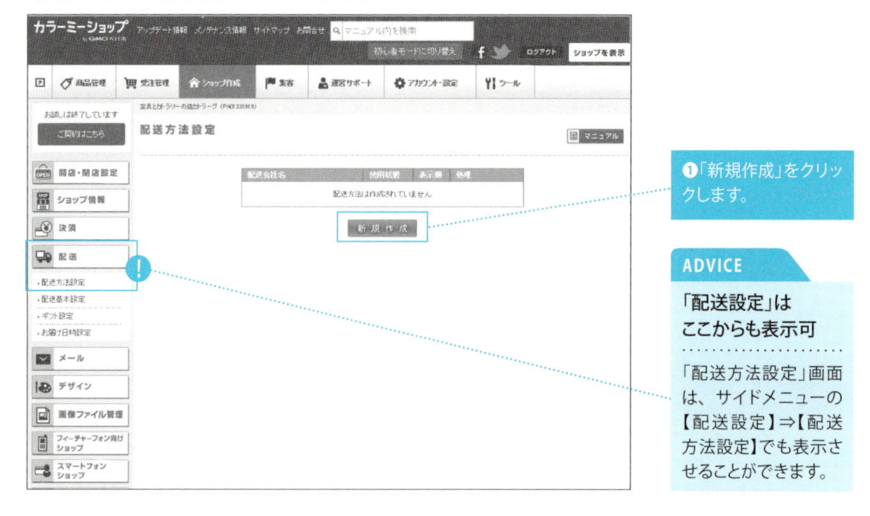

❶「新規作成」をクリックします。

ADVICE

「配送設定」はここからも表示可

「配送方法設定」画面は、サイドメニューの【配送設定】⇒【配送方法設定】でも表示させることができます。

❸「配送方法編集」ページに必要事項を記入する

❶配送会社名を記入をします。

❷配送会社のロゴ画像を表示させる場合は、「ファイルを選択」をクリックして画像を選択します（省略可）。

❸送料の請求方法を選択します。お客様に送料を請求する場合は「請求する」、一定額以上を無料にする場合は「請求する（無料となる上限金額あり）」を選択し、送料が無料になる金額を入力します。送料を無料にする場合は「請求しない」を選択します。

❹手順❸で「請求する」「請求する（無料となる金額上限あり）」を選択した場合は、送料を設定します。該当する項目を選択し、「全国一律」の場合は金額を入力します。それ以外は「詳細設定」（107ページ参照）をクリックします。

❺手順❹で設定した送料の消費税に関する設定方法を選択します。消費税を含んだ総額を表示する「内税」がオススメです。

ADVICE

都道府県別リードタイム設定とは?

都道府県別リードタイム設定を行うことで、送付先住所の都道府県別にリードタイム（発注から納品までに要する日数のこと）を設定できます。設定方法には2種類あり、「■一括して設定」からは、全国一括または、「東北」「関東」といった地方ごとにまとめてリードタイムを設定できます。「■地域別に設定」では都道府県ごとにリードタイムの日数を入力できます。入力したら最後に「設定」をクリックします。なお、必須入力項目ではないので、入力しなくてもかまいません。

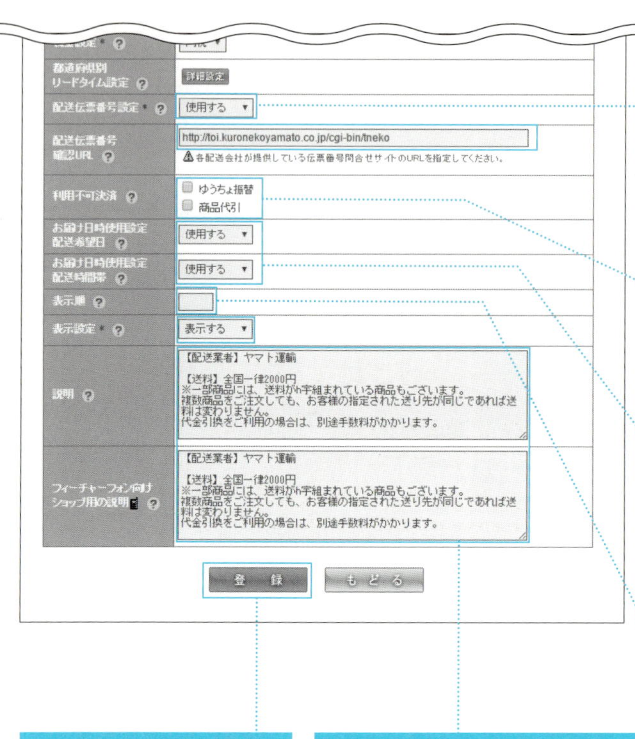

❻「使用する」を選択すると、「受注内容編集」画面で「配送伝票番号」の設定項目が表示され、登録した配送伝票番号は受注メールや発送メールにも記載されます。

❼この配送方法で利用不可にしたい支払い方法にチェックを入れます（登録した決済方法により表示内容が変わります）。

❽お客様が配送希望日、配送時間帯を指定できるようにする場合は「使用する」（「お届け日時設定」を行う必要がある。110ページ参照）を選択します。

❾表示順を半角数字で入力します（省略可）。

❿ショップページに掲載する場合は「表示する」、表示しない場合は「表示しない」を選択します。

⓫ショップページに掲載する配送に関する情報を入力します。下段にはフィーチャーフォン向けショップ用の配送に関する情報を入力します。

⓬必要事項を入力したら、「登録」をクリックします。

❹内容を確認するためにショップを表示する

❶「ショップを表示」をクリックします。

⑤「配送方法・送料について」ページを開く

❶ショップページが表示されます。

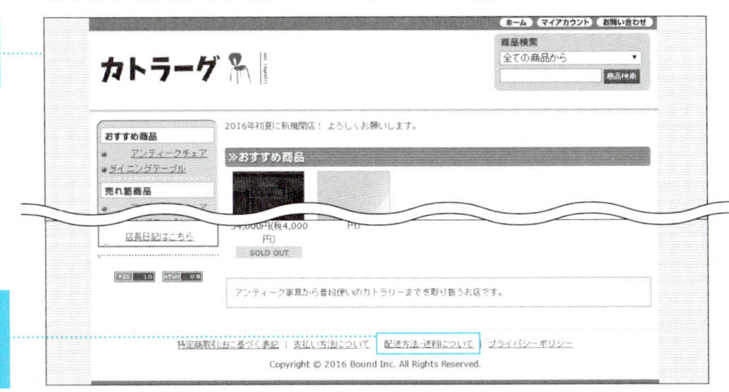

❷「配送方法・送料について」をクリックします。

⑥「配送方法・送料について」の内容をチェックする

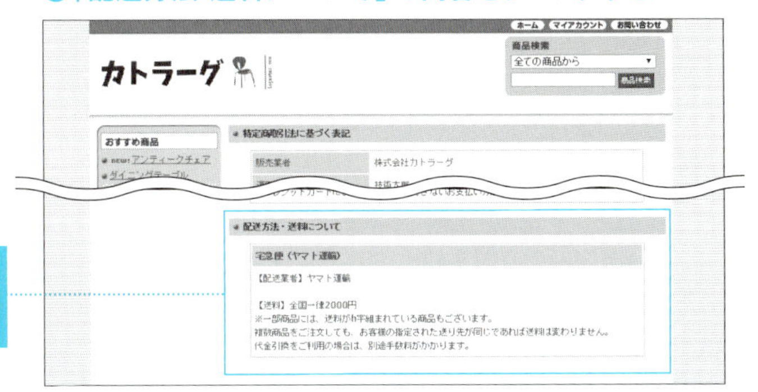

❶表示されている内容に間違いがないか確認します。

「送料設定」の「詳細設定」を行う

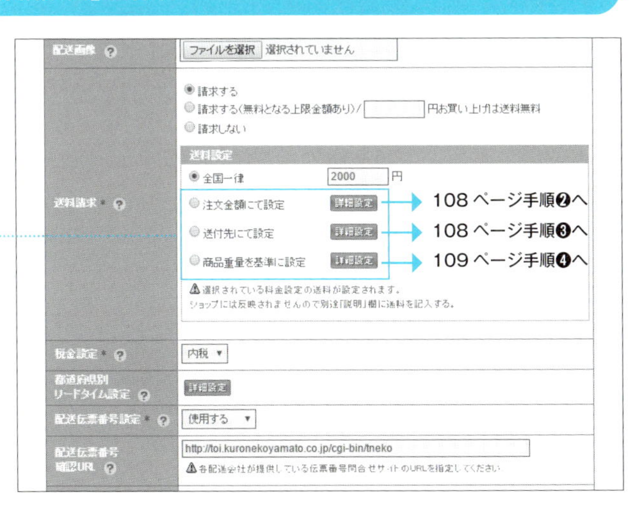

❶送料を「全国一律」以外で設定する場合は、「注文金額にて設定」「送付先にて設定」「商品重量を基準に設定」のいずれかを選びます。

❷「注文金額にて設定」を設定する

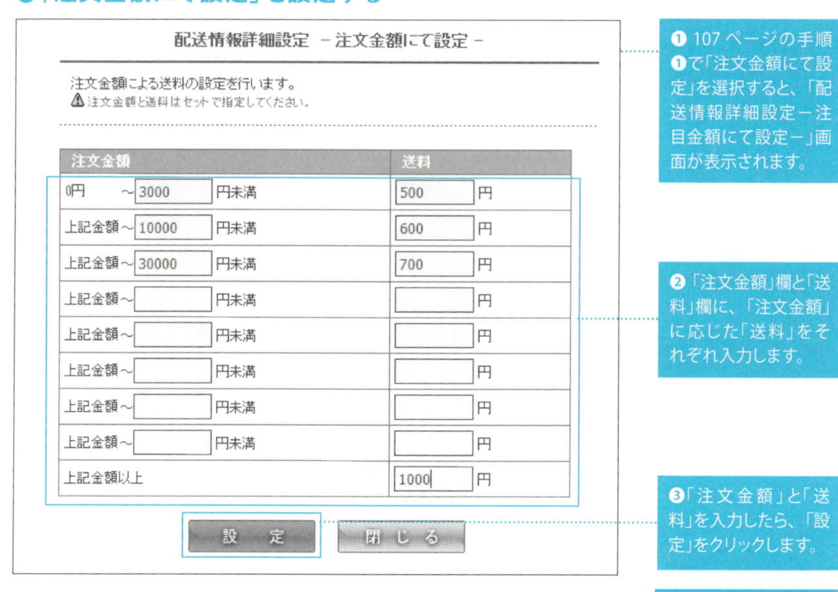

❶ 107ページの手順❶で「注文金額にて設定」を選択すると、「配送情報詳細設定ー注目金額にて設定ー」画面が表示されます。

❷「注文金額」欄と「送料」欄に、「注文金額」に応じた「送料」をそれぞれ入力します。

❸「注文金額」と「送料」を入力したら、「設定」をクリックします。

❸「送付先にて設定」を設定する

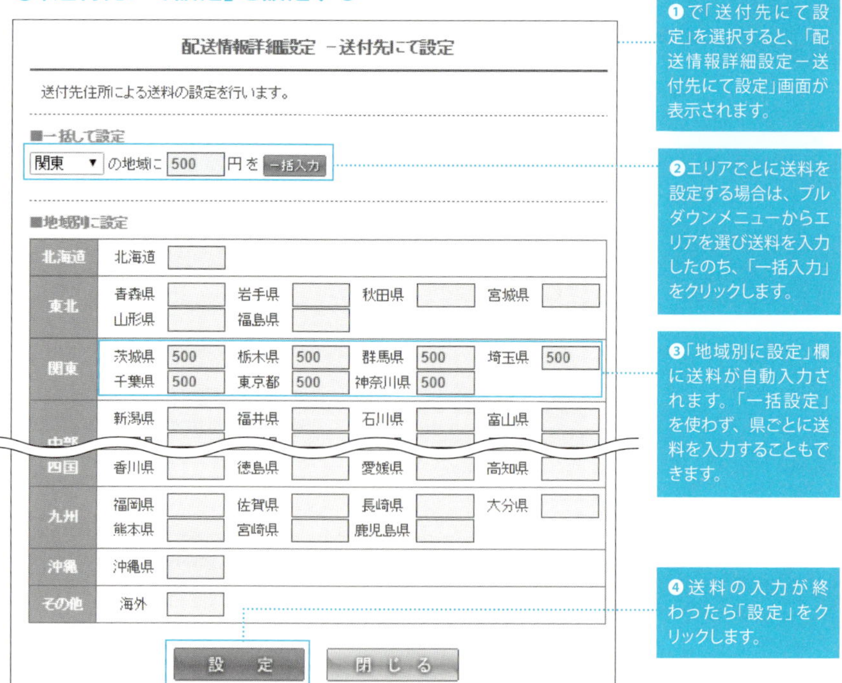

❶ 107ページの手順❶で「送付先にて設定」を選択すると、「配送情報詳細設定ー送付先にて設定」画面が表示されます。

❷エリアごとに送料を設定する場合は、プルダウンメニューからエリアを選び送料を入力したのち、「一括入力」をクリックします。

❸「地域別に設定」欄に送料が自動入力されます。「一括設定」を使わず、県ごとに送料を入力することもできます。

❹送料の入力が終わったら「設定」をクリックします。

❹「商品重量にて設定」を設定する

❶ 107 ページの手順❶で「商品重量を基準に設定」を選択すると、「配送情報詳細設定－商品重量にて設定」画面が表示されます。

配送情報詳細設定 －商品重量にて設定

商品重量による送料の設定を行います。

商品重量			送料入力	設定の有無
0g	～ 2000	g未満	送付先別設定	なし
上記g数	～ 5000	g未満	送付先別設定	なし
上記g数	～ 10000	g未満	送付先別設定	なし
上記g数	～ 15000	g未満	送付先別設定	なし
上記g数	～ 20000	g未満	送付先別設定	なし
上記g数	～	g未満	送付先別設定	なし
上記g数	～	g未満	送付先別設定	なし
上記g数	～	g未満	送付先別設定	なし
上記g数	～	g未満	送付先別設定	なし
上記g数	～	g未満	送付先別設定	なし
上記g数以上			送付先別設定	なし

設 定　閉じる

❷ 重量別で送料が変わる場合の送料の範囲を入力します。

❸「送付別先設定」をクリックすると、「配送情報詳細設定 - 商品重量にて設定」画面が開きます。

ADVICE

上記 g 数以上を設定する

商品重量で送料を設定する場合、「上記 g 数以上」の「送付先別設定」を設定しないと、設定を完了できません。

❻ 設定が完了したら「設定」をクリックします。

ADVICE

地域別に価格を一括入力できる

プルダウンメニューからエリアを選択し、送料を入力して「一括入力」をクリックすると、エリアごとに一括入力できます。

❹ 都道府県別の送料を入力します。

❺「入力」をクリックしてこの画面を閉じ、「配送情報詳細設定ー商品重量にて設定ー」画面に戻ります。

「お届け日時設定」を行う

❶「配送方法編集」を表示する

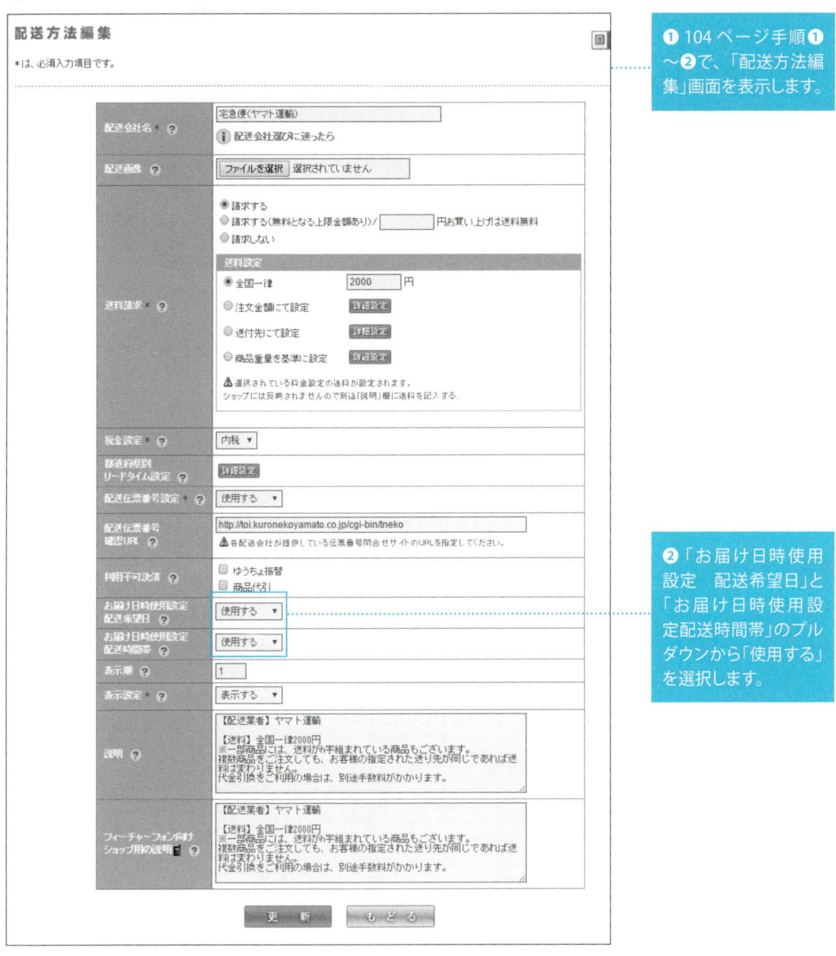

❶104ページ手順❶～❷で、「配送方法編集」画面を表示します。

❷「お届け日時使用設定 配送希望日」と「お届け日時使用設定配送時間帯」のプルダウンから「使用する」を選択します。

❷「お届け日時設定」を表示する

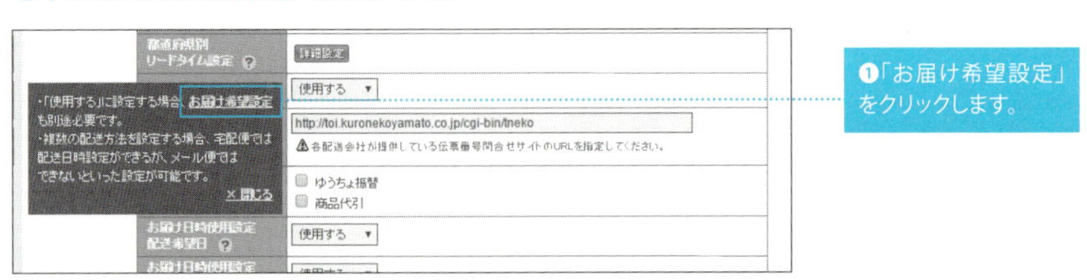

❶「お届け希望設定」をクリックします。

❸「お届け日時設定」で配送希望日・時間帯を設定する

❶配送希望日の設定を使用しない場合は、プルダウンから「使用しない」を選択します。

❷お客様が指定できる配達希望日の範囲を入力します。

❸配送が翌日扱いになる時刻をプルダウンから選択します。

❹配送希望日に関するお客様へのコメントを記入します。

❺配送時間帯の設定を使用しない場合は、プルダウンから「使用しない」を選択します。

❻ 配送時間帯の区分を入力します。

❼ 配送時間帯に関するお客様へのコメントを記入します。

❽最後に「設定」をクリックします。

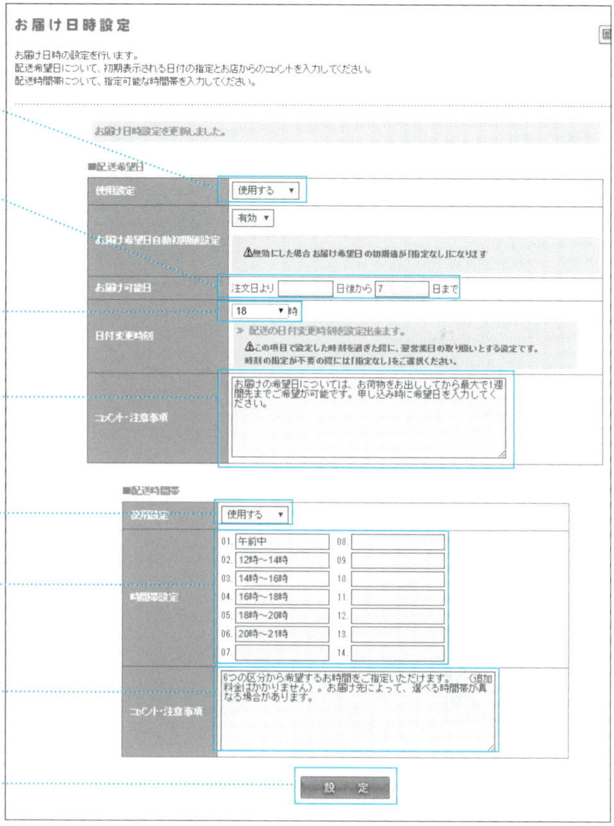

お届け日時設定

お届け日時の設定を行います。
配送希望日について、初期表示される日付の指定とお店からのコメントを入力してください。
配送時間帯について、指定可能な時間帯を入力してください。

お届け日時設定を更新しました。

■配送希望日

使用設定	使用する ▼
お届け希望日自動初期値設定	有効 ▼ ⚠無効にした場合 お届け希望日の初期値が「指定なし」になります
お届け可能日	注文日より [ ] 日後から [7] 日まで
日付変更時刻	18 ▼ 時 » 配送の日付変更時刻を設定出来ます。 ⚠この項目で設定した時刻を過ぎた際に、翌営業日の取り扱いとする設定です。 時刻の指定が不要の際には「指定なし」をご選択ください。
コメント・注意事項	お届けの希望日については、お荷物をお出ししてから最大で1週間先までご希望が可能です。申し込み時に希望日を入力してください。

■配送時間帯

設定設定	使用する ▼
時間帯設定	01. 午前中 / 02. 12時～14時 / 03. 14時～16時 / 04. 16時～18時 / 05. 18時～20時 / 06. 20時～21時 / 07. / 08. / 09. / 10. / 11. / 12. / 13. / 14.
コメント・注意事項	6つの区分から希望するお時間をご指定いただけます。（追加料金はかかりません）。お届け先によって、選べる時間帯が異なる場合があります。

設　定

ADVICE

発送希望日は配送会社の指定範囲内で設定しよう

「お届日時設定」では、お客様が注文日から最大365日先を指定する設定が可能です。しかし、ヤマト運輸、佐川急便は荷物を出した日から1週間以内、郵便局は荷物を出して日からおおむね12日後までの範囲でしか指定できません。つまり、あまりに先の日まで指定できるようにしてしまうと、ショップ側で発送まで保管し、適切なタイミングで発送する必要が出てきます。そうなると管理が煩雑になるだけでなく、発送忘れなどの事故が起こる可能性が高くなるので、なるべく運送業者が指定可能な範囲内で配送希望を設定できるようにするのが無難です。

	日付指定できる範囲
ヤマト運輸（宅急便）	荷物引き受け日から1週間以内
佐川急便（飛脚宅急便）	荷物引き受け日から1週間以内
郵便局（ゆうパック）	差出日の翌々日から起算して10日以内の日

PART 3

【STEP7】プライバシーポリシーを設定する

ネットショップに必須のプライバシーポリシー

個人情報やプライバシー情報を取り扱うウェブサイトでは、個人情報の収集や活用、管理、保護などに関する取り扱いの方針を明文化した「プライバシーポリシー（個人情報保護方針）」を掲載しなくてはいけません。

ネットショップは金銭と商品のやりとりをするにあたり、住所や電話番号などの個人情報を収集しなければいけません。**個人情報保護法**では、個人情報の収集にあたって、利用目的をできるかぎり特定して明示することや、特定された利用目的の範囲を超えて、本人の同意なしに個人情報を取り扱ってはならないと定めています。

たとえば、ネットショップで商品を販売するときに、お客様から住所・名前といった個人情報を収集します。将来的に商品紹介やセール案内などのメールを送信する予定があるなら、プライバシーポリシーで、「ダイレクトメールを送付します」と記載していないと、「目的外利用」として、個人情報保護法に違反する可能性があるので注意が必要です。

また、電子メールを送信する場合は、「**特定電子メール法**」の規制も考慮する必要があります。この法律で受信者の同意なしに宣伝・広告を目的としたメールの送信が規制されているからです。

お客様の個人情報を今後のビジネスに活用したいと考えたくなるのは当然です。しかし、お客様は商品購入以外の目的で個人情報を利用されることを快くは思いません。のちのトラブルを避けるため、他店を参考に内容を考えましょう。

なお、カラーミーショップでは、113ページのように「プライバシーポリシー設定」ページにあらかじめサンプルの文面が入力されていますので、必要に応じて変更します。また、変更の必要がなくても青字部分は新規に入力もしくは削除する必要があります。

プライバシーポリシーはお客様との約束ですから、その約束を守る意識をもってショップ運営することが大切です。

初期設定で入力されているプライバシーポリシーの全文

1. 個人情報の定義
「個人情報」とは、生存する個人に関する情報であって、当該情報に含まれる氏名、生年月日その他の記述等により特定の個人を識別することができるもの、及び他の情報と容易に照合することができ、それにより特定の個人を識別することができることとなるものをいいます。

2. 個人情報の収集
当ショップでは商品のご購入、お問合せをされた際にお客様の個人情報を収集することがございます。
収集するにあたっては利用目的を明記の上、適法かつ公正な手段によります。
当ショップで収集する個人情報は以下の通りです。
a) お名前、フリガナ
b) ご住所
c) お電話番号
d) メールアドレス
e) パスワード
f) 配送先情報
g) 当ショップとのお取引履歴及びその内容
h) 上記を組み合わせることで特定の個人が識別できる情報
#ショップで使用する項目すべて入力する

3. 個人情報の利用
当ショップではお客様からお預かりした個人情報の利用目的は以下の通りです。
a) ご注文の確認、照会
b) 商品発送の確認、照会
c) お問合せの返信時
当ショップでは、下記の場合を除いてはお客様の断りなく第三者に個人情報を開示・提供することはいたしません。
a) 法令に基づく場合、及び国の機関若しくは地方公共団体又はその委託を受けた者が法令の定める事務を遂行することに対して協力する必要がある場合
b) 人の生命、身体又は財産の保護のために必要がある場合であって、本人の同意を得ることが困難である場合
c) 当ショップを運営する会社の関連会社で個人データを交換する場合
#利用状況にあわせて、詳しく具体的に記入する
#なお、個人情報の販売は禁止させていただきます。

4. 個人情報の安全管理
お客様よりお預かりした個人情報の安全管理はサービス提供会社によって合理的、組織的、物理的、人的、技術的施策を講じるとともに、当ショップでは関連法令に準じた適切な取扱いを行うことで個人データへの不正な侵入、個人情報の紛失、改ざん、漏えい等の危険防止に努めます。

5. 個人情報の訂正、削除
お客様からお預かりした個人情報の訂正・削除は下記の問合せ先よりお知らせ下さい。
また、ユーザー登録された場合、当サイトのメニュー「マイアカウント」より個人情報の訂正が出来ます。

6.cookie(クッキー) の使用について
当社は、お客様によりよいサービスを提供するため、cookie（クッキー）を使用することがありますが、これにより個人を特定できる情報の収集を行えるものではなく、お客様のプライバシーを侵害することはございません。
また､cookie（クッキー）の受け入れを希望されない場合は、ブラウザの設定で変更することができます。
※ cookie（クッキー）とは、サーバーコンピュータからお客様のブラウザに送信され、お客様が使用しているコンピュータのハードディスクに蓄積される情報です。

7.SSL の使用について
個人情報の入力時には、セキュリティ確保のため、これらの情報が傍受、妨害または改ざんされることを防ぐ目的でSSL（Secure Sockets Layer）技術を使用しております。
※ SSL は情報を暗号化することで、盗聴防止やデータの改ざん防止送受信する機能のことです。SSL を利用する事でより安全に情報を送信する事が可能となります。

8. お問合せ先
#「お問合せ先」を入力する

9. プライバシーポリシーの変更
当ショップでは、収集する個人情報の変更、利用目的の変更、またはその他プライバシーポリシーの変更を行う際は、当ページへの変更をもって公表とさせていただきます。

※青字部分は新規に入力する、もしくは削除する必要があります。

KEYWORD

個人情報保護法
正式には「個人情報の保護に関する法律」。個人情報の有用性に配慮しながら、個人の権利利益を保護することを目的として、民間事業者が、個人情報を取り扱う上でのルールを定めている。消費者庁のウェブサイト（http://www.caa.go.jp/seikatsu/kojin/）に詳しい説明がある。

特定電子メール法
正式には「特定電子メールの送信の適正化等に関する法律」。「特定電子メール送信適正化法」や「迷惑メール防止法」とも呼ばれる。宣伝・広告を目的とした電子メールのうち、受信者の同意のないものなどを規制する法律。送信者の氏名・メールアドレスの表示義務、架空電子メールアドレスへの送信禁止などが定められている。

プライバシーポリシーを登録する

「プライバシーポリシー」の設定を行う

❶カラーミーショップにログインする

❷「プライバシーポリシー」を表示する

❶「プライバシーポリシー」タブをクリックすると、「プライバシーポリシー」のページが表示されます。

❸「プライバシーポリシー」の必要事項を記入する

❶「プライバシーポリシー」の設定ページが表示されます。

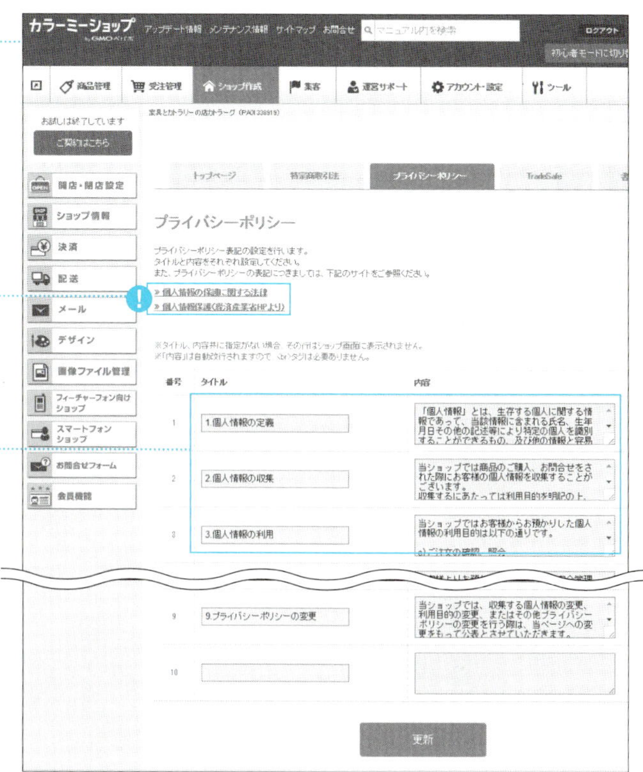

ADVICE

個人情報保護について知っておこう

個人情報保護法について詳しく知りたい場合はここをクリックします。

❷あらかじめ入力されているプライバシーポリシーの文面を確認して、必要に応じて文面を修正します。113ページの青文字箇所に関しては、必ず修正、もしくは削除します。

❹「プライバシーポリシー」ページを表示して確認する

❶ショップページの「プライバシーポリシー」をクリックし、プライバシーポリシーページを表示して、内容を確認します。

PART 3

【STEP8】メールの内容を設定する

お客様が安心できるように要所要所でメールを送ろう

ネットショップでは、お客様とはメールでのやりとりが中心です。通常、1回の取引でもお客様と複数回のやりとりが必要になってきます。

お客様との取引に不可欠な各種メールですが、それらの設定もカラーミーショップを使えばかんたんです。

- **注文確認メール**…お客様が商品の注文後、自動的に送信されるメール
- **受注メール**…在庫確認後、正式な受注を知らせるメール
- **入金メール**…入金確認後に送るメール
- **発送メール**…商品を発送したことを知らせるメール
- **決済URL送信**…オンライン決済のお支払画面URLを送信するメール
- **問い合せ確認メール**…お客様がお問い合せフォームからお問い合せ後、自動的に問い合せ内容の確認を送信するメール

以上、これらのメールをすべて送信するのが理想的ですが、個人でネットショップを運営している人などは、1日に送信できるメールの数は限られています。律儀にすべてのメールを返信して、発送が遅くなるようでは本末転倒です。なかには、あらかじめ自動配信メール以外は送らないと断りを入れているショップもあるほどです。

一方、対面販売でないネットショップに対し、お客様は不安があるものです。配送業者の問い合わせ番号を記載した「商品発送メール」や、「自分の注文が受け付けてもらえたんだ」と確認できる「受注メール」が送られてくれば安心できるのではないでしょうか。

お客様へ送付するメールは、あらかじめ文面を設定することで大幅に手間を省けます。【ショップ作成】→【メール設定】→【マニュアル】に用意されているサンプルを参考にして内容を考えましょう。

開店後は、効率化できるところは効率化しつつも、一方では手間を惜しまずに、お客様の立場になって必要なメールを送信するように心がけたいものです。

受注から発送までの基本的なメールの流れ

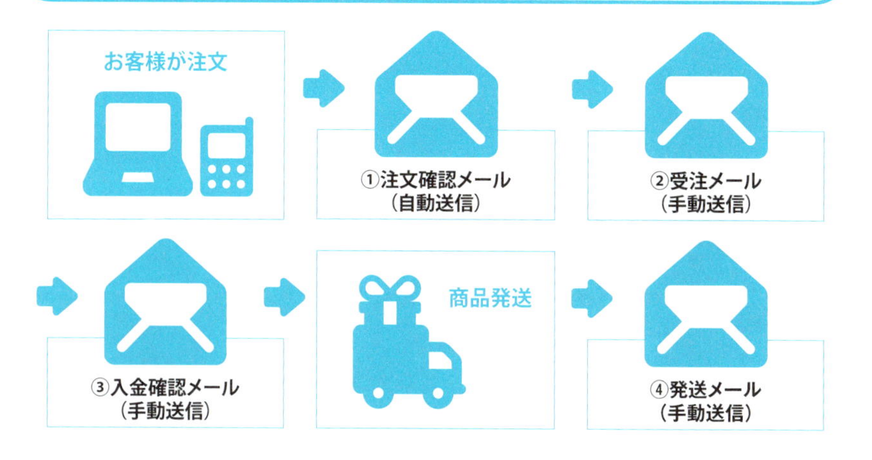

メールの各部の名称

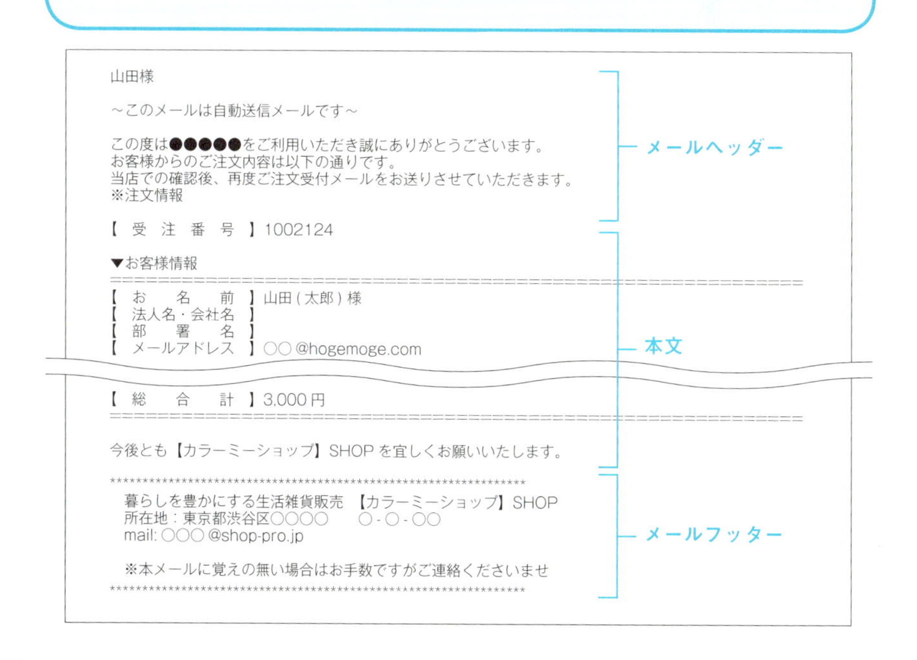
山田様

～このメールは自動送信メールです～

この度は●●●●●をご利用いただき誠にありがとうございます。
お客様からのご注文内容は以下の通りです。
当店での確認後、再度ご注文受付メールをお送りさせていただきます。
※注文情報

【 受 注 番 号 】1002124

▼お客様情報
==
【 お 名 前 】山田（太郎）様
【 法人名・会社名 】
【 部 署 名 】
【 メールアドレス 】○○@hogemoge.com

【 総 合 計 】3,000円
==

今後とも【カラーミーショップ】SHOPを宜しくお願いいたします。

****
暮らしを豊かにする生活雑貨販売 【カラーミーショップ】SHOP
所在地：東京都渋谷区○○○○ ○-○-○○
mail: ○○○@shop-pro.jp

※本メールに覚えの無い場合はお手数ですがご連絡くださいませ
****

メールを設定する

「メール」を設定をする

❶カラーミーショップにログインする

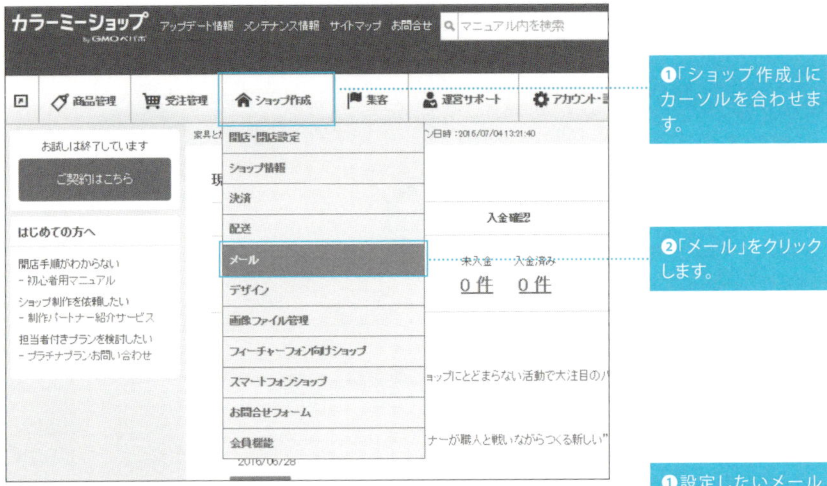

❶「ショップ作成」にカーソルを合わせます。

❷「メール」をクリックします。

❷「メール」の設定ページを開く

❶設定したいメールのタイプの「修正」または「新規作成」をクリックします。「注文確認（自動返信）」「受注」「入金」「発送」の内容はあらかじめ設定されているので、必要に応じて変更します。

ADVICE

フィーチャーフォン向けの設定とは?

いわゆるガラケーのメール設定が必要な場合のみ設定を行う。なお、未設定の場合は、「スマートフォン・PC・タブレット向け設定」が適用される。

❸「メール内容編集」ページに記入する

❶「メール内容編集」のページが表示されます。

ADVICE

マニュアルページのサンプル文を参考に

「マニュアル」をクリックして、下にスクロールすると、各種メールのサンプルを見ることができます。

❷「タイトル」「メールヘッダー」「メールフッダー」を入力します。

❸注文情報を表示しない場合はプルダウンから「表示しない」を選択します。

❹会員登録情報を表示しない場合はプルダウンから「表示しない」を選択します。

❺「メール送信」をしない場合は、プルダウンから「送信しない」を選択します。

❻最後に「更新」をクリックします。

❹変更確認ページを確認する

❶メールの内容が変更されたことを示すページが表示されます。

【STEP9】テスト購入をしてみよう

テスト購入で注文の流れを把握する

【STEP8】まで設定するとショップの基本的な設定は終了です。そこで、ネットショップとしてきちんと稼働するか、自分自身でテスト購入をしてみましょう。これを行えば、お客様との一連のやりとりの流れを理解できるので、開店後のイメージもはっきりしてくるはずです。

また、これまでに設定した商品紹介文や各種メールの文面などに間違いがないかもチェックします。

とくに注意したいのは各種設定のうち、カラーミーショップ側であらかじめ設定されているテキストなどがそのまま残ってしまっている場合です。プライバシーポリシーや各種メールのサンプル文面をそのまま使用している場合は、よく確認する必要があります。

同時にショップページのあらゆる部分を総点検しておきましょう。

特に、**この段階で確認しておきたいのは、決済会社や配送会社などとの契約が済んでいるかです。**

カラーミーショップで配送料金の項目を設定したからといって、注文を受けたときに、配送会社が自動的に荷物を取りに来てくれるわけではありません。同様に決済方法の設定をしたからといって、各決済サービスを提供する会社と契約していないと、お客様とのお金がやりとりできるわけではありません。

テスト購入で問題がなくても、決済や配送の契約ができていなければ、注文を受けてもお客様に商品を届けることはできないのです。

１３４ページで紹介するように、カラーミーショップでは、決済支援サービス「カラーミーペイメント」や配送サービスも提供しているので、これらを利用するのもひとつの手です。

もちろんカラーミーショップが提供するサービス以外の決済、配送サービスでも、個別に申し込めば利用することは可能です。

不明点があれば、開店前にそれぞれの業者に問い合わせておきましょう。

テストで商品を購入する

これまでに設定してきた内容がきちんと動作するかを
実際にお客様が注文するプロセスにしたがって確認します。
そのなかで不具合や改善点があれば、各設定ページに戻って修正しましょう。
このステップで問題がなければ、開店することができます。

テストで商品を購入する

❶ショップページにアクセスする

❶ショップページにアクセスします。

❷注文する商品をクリックします。

❷商品をカートに入れる

ADVICE

各項目の表示内容をチェックしよう!

お客様にとって見やすい表示になっているか、表示内容に相違がないかをチェックしておきましょう。

❶「カートに入れる」をクリックします。

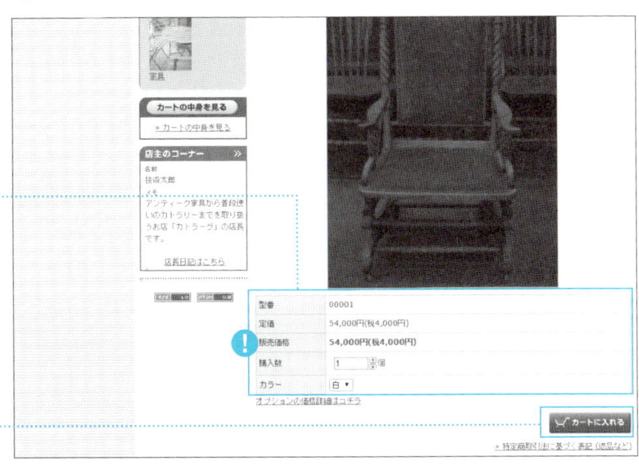

❸カート画面で注文を確認する

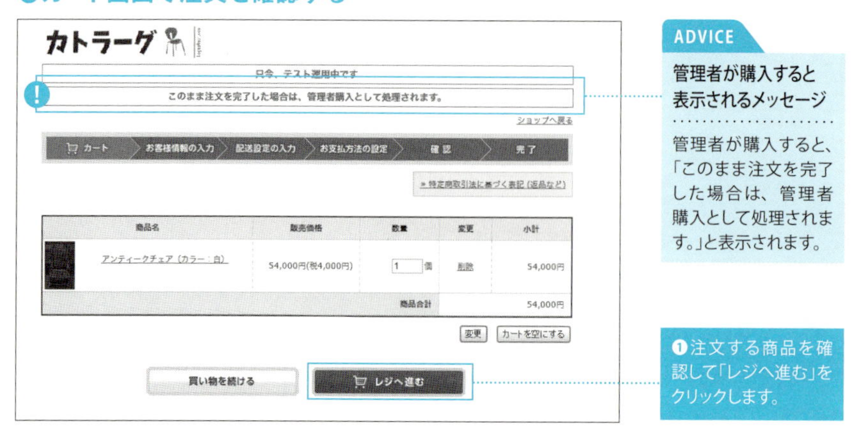

ADVICE

管理者が購入すると表示されるメッセージ

管理者が購入すると、「このまま注文を完了した場合は、管理者購入として処理されます。」と表示されます。

❶注文する商品を確認して「レジへ進む」をクリックします。

❹「お客様情報」を入力する

ADVICE

送料が正しく表示されているか確認しよう

ここに送料が表示されるので、正しく表示されているか念のため確認しましょう。

❶必要事項を入力します。

❷「次へ進む」をクリックします。

❺配送方法を選択し、送付先情報を入力する

❶配送方法をクリックします。

ADVICE

配送方法が表示されるかチェックしよう

配送方法として設定したすべての業者が表示されるか確認しましょう。

❷送付先の情報を入力します。

❸「次へ進む」をクリックします。

❻支払い方法を選択する

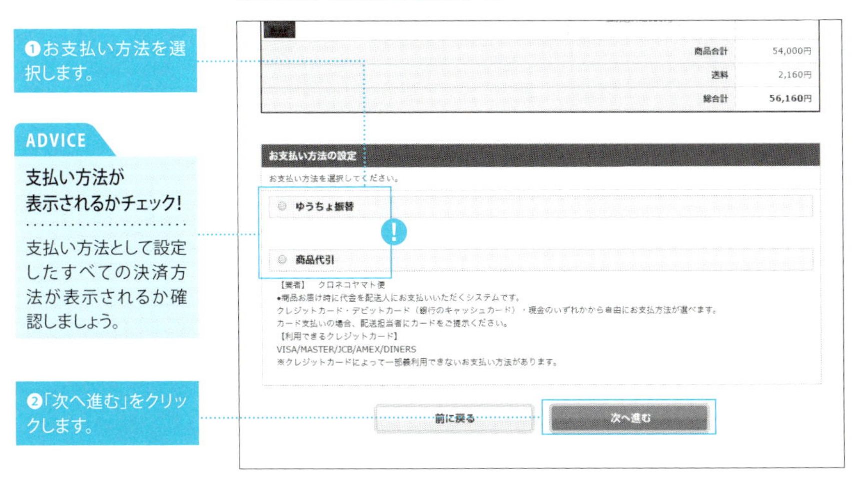

❶お支払い方法を選択します。

ADVICE

支払い方法が表示されるかチェック!

支払い方法として設定したすべての決済方法が表示されるか確認しましょう。

❷「次へ進む」をクリックします。

❼カート画面で注文を確認する

❶注文する商品を確認して「注文する」をクリックします。

❽注文完了画面を確認する

❶注文が完了したことを確認します。

❾注文確認メールが届くことを確認する

❶「お客様情報」に入力したメールアドレスに「注文確認メール」が届くことを確認します。

技術太郎 様

※このメールは、ご注文いただきますと自動的に送信されます。

このたびは、当店をご利用いただき誠にありがとうございます。
本日、以下のご注文を承りましたので、ご確認をお願い申し上げます。

商品到着まで、このメールは大切に保管しておいてくださいますよう
お願い申し上げます。

【 受 注 番 号 】65596464

▼お客様情報

==

【 お 名 前 】技術太郎（ギジュツタロウ） 様
【 メールアドレス 】■■■■■.ne.jp
【 郵 便 番 号 】1600022
【 ご 住 所 】東京都新宿区新宿1-1-1
【 電 話 番 号 】03-1234-6789
【F A X 番 号】
【 注 文 日 】2016/07/04
【 決 済 方 法 】商品代引

==

▼配送先情報

==

【 お 名 前 】技術太郎（ギジュツタロウ） 様
【 郵 便 番 号 】1600022
【 ご 住 所 】東京都新宿区新宿1-1-1
【 電 話 番 号 】03-1234-6789
【 配 送 会 社 】宅急便（ヤマト運輸）

［ 商 品 詳 細 ］

【 商 品 I D 】104099314
【 商 品 番 号 】0001
【 商 品 名 】アンティークチェア（カラー：白）
【 価 格（税込）】54,000円
【 数 量 】1個
【 小 計 】54,000円

［配 送 先 合 計］

【 送 料 】2,160円（税込）
【配 送 先 合 計】56,160円（税込）

==

▼総合計

==

【 合計（消費税） 】54,000円(4,000円)
【 送 料 合 計 】2,160円（税込）
【決 済 手 数 料】600円（税込）
【 総 合 計 】56,760円

==

当店での確認後、別途ご注文受付メールをお送りさせていただきます。
どうぞよろしくお願いいたします。

ADVICE

メールテンプレートをチェックしよう!

テストで商品を購入する際には、自動送信される「注文確認メール」をチェックしましょう。ショップ運営を始めると、自動送信メールをきちんと見る機会は少なくなるので、ここで間違いを見落とすと、そのままお客様に間違った内容のメールを送信してしまうことになります。
一度確認して間違いがなければ、以降は特別な事情がない限り見直す必要はないので、しっかりチェックしてください。

PART 3

【STEP10】ネットショップを開店する

すべての設定が終わったらお店を開こう

【STEP9】まで完了したら、ついにネットショップの開店です。ここまでくれば、開店するのはかんたんです。

　管理者画面のトップページの「ショップ作成」→「開店・閉店設定」で表示される画面の「OPEN状態」で「開店」を選択すると、ショップを開店できます。

　なお「OPEN状態」には、以下の4つの状態があります。

- **開店**……「開店」の状態にする。
- **閉店**……「閉店」の状態にする。ショップが利用できない状態になる。
- **工事中**……「工事中」の状態にする。ショップが利用できない状態になる。
- **休止中**……「休止中」の状態にする。ショップ内の商品を閲覧できるが、商品の購入はできない。ショップへの「お問い合せ」「マイアカウントの利用」「会員ページへのログイン」も利用できなくなるが、メルマガの登録・解除はできる。

　「工事中」と「休止中」は、いずれもショップが利用できない状態になる点では同じですが、ショップページを表示させたときに出る表示コメントが異なります（129ページ参照、「閉店時」「工事中」の表示コメントは、「開店・閉店設定」で変更できる）。

「閉店」の場合は、『○○○○（ショップ名）は閉店しております。』と表示され、「工事中」の場合は、『○○○○（ショップ名）』は、メンテナンス中です。しばらくお待ちください。」と表示されます。とくに**「閉店」のメッセージは、「このショップはつぶれた」という印象を与えかねない**ので上手に使い分けましょう。

　「開店」にすれば、商品を買える状態になります。お客様の意見・希望や他ショップの状況などを参考にしながら、より完成度の高いショップを目指しましょう。

　またカラーミーショップでは、**新サービスや新機能の追加、既存機能のアップデートが頻繁に行われているので最新情報をチェックするようにしましょう。**

ネットショップを開店する

ネットショップを開店する

❶ショップページにログインする

❶「ショップ作成」にカーソルを合わせます。

❷「開店・閉店設定」をクリックします。

❷開店・閉店設定を行う

❶「OPEN状態」を「開店」に変更します。

❷「管理者メールアドレス」にメールアドレスを入力します（入力必須）。注文確認（自動送信）メールを送る場合は、「注文確認（自動送信）メールを送る」にチェックを入れます。

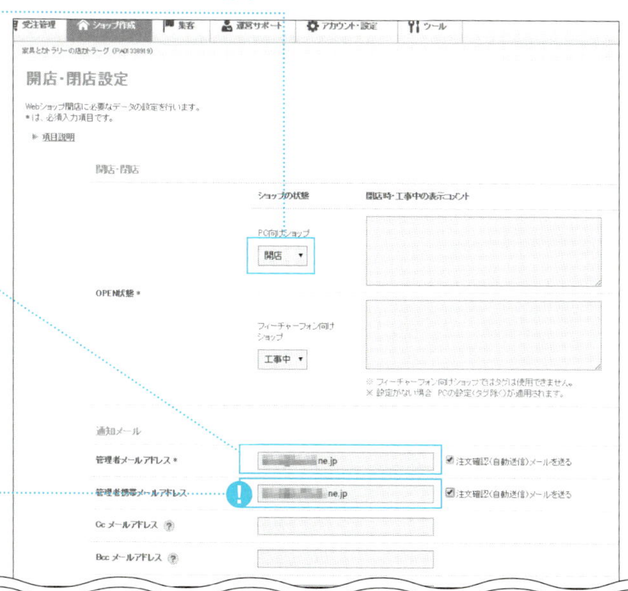

ADVICE

携帯メールアドレスも登録しておくと便利

管理者携帯メールアドレスの登録は必須項目ではありませんが、携帯で受け取れるようにしておくと、外出先でも確認できるので便利です。

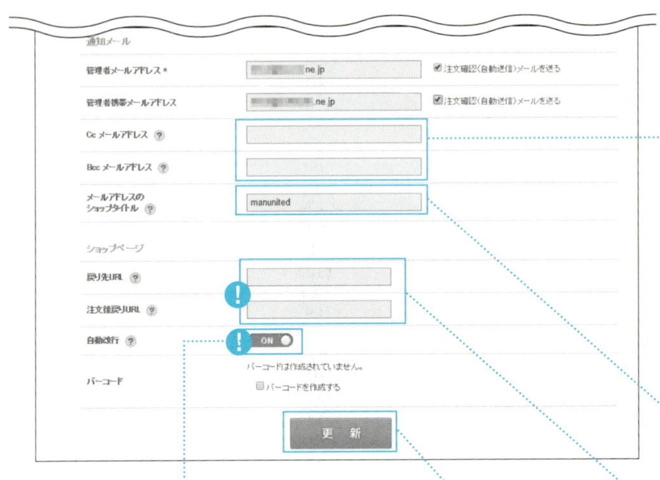

❸受注画面からお客様へメールを送信するとき、ショップ用控えとして同一内容のメールを送る場合は、メールアドレスを入力します。「Cc メールアドレス」はお客様にメールアドレスが公開されますが、「Bcc メールアドレス」は公開されません（いずれも省略可）。

❹メールアドレスに表示されるショップ名を記入します。

ADVICE

戻り先 URL とは?

「開店・閉店設定」では、「戻り先 URL」と「注文後戻り先 URL」の設定ができます。
「戻り先 URL」を設定すると、ショップの「HOME」をクリックしたときに表示されるページを設定できます。
一方の「注文後戻りURL」では、注文完了後に自動的に表示させる戻り先 URL を設定します。
どちらも初期設定ではトップページに設定されているので、基本的には変更する必要はないでしょう。

❺すべての設定が終わったら「更新」をクリックします。

TECHNIQUE

商品説明の自動改行とは?

「開店・閉店」では商品説明の自動改行を設定できます。初期設定では「OFF」になっていますが、「ON」にするとショップ内の商品説明文の自動改行が有効になります。どちらが読みやすいか見比べて設定しましょう。

<自動改行「OFF」>

スペインの蚤の市で買い付けたアンティークチェアです。アンティークとしては状態はまずまずだと思われます。意匠も凝っていて、木目の感じもよいです。座り心地はいいとは言えませんが、それもアンティークの風合いと考えれば、見ているだけでも楽しむことができるでしょう。ただし、あくまでも中古品であり、状態に関しては主観での評価ですので、中古品に理解がないお客様の購入はおすすめしません。

この商品について問い合わせる　この商品を友達に教える　買い物を続ける

<自動改行「ON」>

スペインの蚤の市で買い付けたアンティークチェアです。アンティークとしては状態はまずまずだと思われます。
意匠も凝っていて、木目の感じもよいです。座り心地はいいとは言えませんが、それもアンティークの風合いと考えれば、見ているだけでも楽しむことができるでしょう。
ただし、あくまでも中古品であり、状態に関しては主観での評価ですので、中古品に理解がないお客様の購入はおすすめしません。

この商品について問い合わせる　この商品を友達に教える　買い物を続ける

「OPEN状態」の違いによるショップページの表示画面

＜開店＞

「開店」にすると、ショップのトップページが表示されます。

＜閉店＞

「閉店」にすると、ショップのトップページは表示されず、右のようなコメントが表示されます。

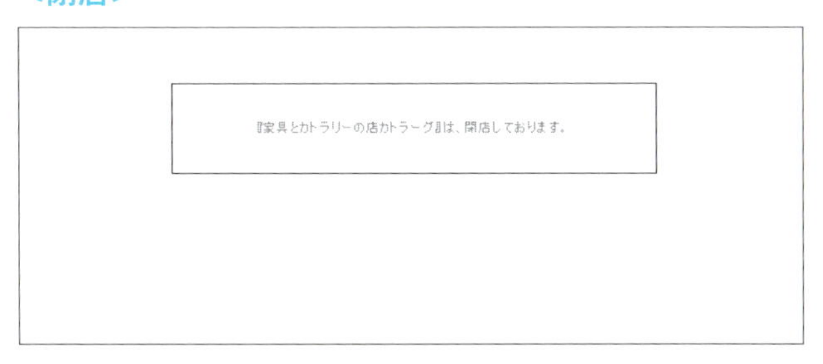

＜工事中＞

「工事中」にすると、ショップのトップページは表示されず、右のようなコメントが表示されます。

『家具とカトラリーの店カトラーグ』は、メンテナンス中です。
しばらくお待ちください。

＜休止中＞

「休止中」にすると、ショップのトップページは表示されますが、「商品の購入」「ショップへのお問合せ」「マイアカウント」「会員ページ」へアクセスすると、右のようなコメントが表示されます。

『家具とカトラリーの店カトラーグ』は、休止中です。

ショップオーナーインタビュー③

超人気ベーカリーがネットショップで得たもの「BOULANGERIE LEBOIS」(東京)

ショップオーナー **森葵さん**

日本全国の"元"常連さんから入る注文が嬉しい

――2001年の開店直後から「本場フランス仕込みのパン屋さん」としてクロワッサンが人気の有名店になったそうですね。

「フランス帰りのシェフが作ったお店」という触れ込みと、パンブームが重なって、クロワッサン目当てのお客さんにたくさん来ていただきました。朝の3時くらいから23時まで働く日々が3年くらい続きました。

メッセージパンに向き合う森朝春さん。どんなに忙しくても、すべてに心を込めて作る。

――クロワッサンとともにメッセージパンも人気です。

メッセージパンのような「飾りパン」は、フランスで習いました。当初、シェフである主人はできないと言っていたので、美大を出ている私が始めましたが、今では主人がすべて作っています。パンを知らないと焼くとどうなるかが想像つきませんから……。主人は本当に丁寧につくるので1日6個が限界です。

――ところで、どうしてネットショップを始めたのですか。

実は大きなモールからのお話しもありましたが、利用料が高かったんです。そのときカラーミーショップを知りました。その後、セミナーに参加したり、改良を続け、リピーターも増えています。お客様からはラッピングが丁寧で驚いたとよく言っていただきます。店頭での接客と同様に、主人のパンをお客様にお届けしたいんです。

――ネットショップを開店して嬉しかったことはありましたか。

地方に転居されても買い続けてくださる常連さんがたくさんいます。近くにもパン屋さんがあるのに、わざわざ選んでくださるんです。遠くのお客様とつながれるのは、ネットショップがあるからこそ。こんなにうれしいことはありませんよね。

森さんのネットショップ

BOULANGERIE LEBOIS
(ブーランジェリー ルボワ)

URL:
http://www.boulangerielebois.com/

カラーミーショップ店舗運営の実務

ネットショップを開店すると、
さまざまな実務作業が発生します。
カラーミーショップのさまざまな運営サポート機能を使って、
効率的なネットショップ運営を行いましょう。

PART 4

ショップの開店前後に考えること

開店してからやることがたくさんある

ネットショップをつくることはゴールではなく、スタートラインに立ったにすぎません。

ネットショップを開店したら、その運営者として、さまざまなことを考える必要があります。どのように商品を仕入れるのか、お客様からの注文をどのように管理するのか、在庫はどこに保管すればいいのかなど、考えることはたくさんあります。

たとえネットショップのウェブサイトを美しくつくったとしてもお客様から注文を受け、商品をお届けできなければ、リピーターをつくることはできません。口コミなどで良くない情報を書かれてしまえば、新規のお客様も獲得しづらくなります。極端なことをいえば、ウェブサイトは商品が購入できるようになってさえいればいいのです。

現に、美しいデザインのショップが必ず成功しているとはかぎりません。一見、あか抜けないデザインのショップでも、お客様を惹きつける価格や、ほかにはない商品の取り扱い、トラブルのないショップ運営などでお客様のニーズに応えることができれば、そのショップには自然と人が集まってきます。

ネットショップである以上、ウェブサイトをつくるのも大事ですが、**それ以上に重要なのはショップを運営するための実務です。**これまでに実店舗の運営経験がある人なら、商品が並ぶ店舗スペースだけでなく、お客様からは見えない裏方でのさまざま業務の重要性や、大変さを理解しているはずです。

本章ではこうしたお客様からは見えなくても、ショップの運営には不可欠な業務について説明していきます。

二輪車にたとえるなら、**お客様から見える部分（ショップのウェブサイト）とお客様から見えない部分はネットショップの成功に必要な両輪です。**その両方をお客様のニーズに応えるレベルで実践していなければ、あなたのショップはスムーズに前進することはできません。

ショップ開店前後にやることはたくさんある

仕入れルートの開拓

144ページ

いつまでも同じ商品が売れるとはかぎらない。新商品にはアンテナを張り、商品の安定的な供給ルートを開拓する。

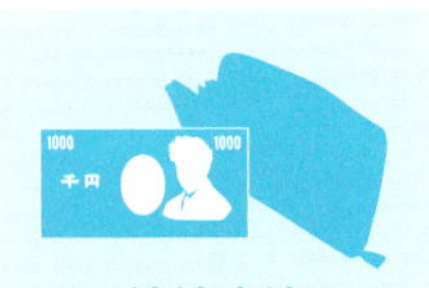

決済方法

134ページ

お客様の支払い方法はさまざま。希望の支払い方法がなければ注文に至らない場合も。複数の支払い方法を用意する。

商品写真の撮影&アップロード

146ページ

商品数が多くなると撮影の負担は大きくなる。ネットショップのページのアップロードも大変なので有料サービスも視野に。

商品価格の設定

142ページ

お客様が買いたくなる価格と、利益が出る価格のバランスをみながら価格を決めていく。

アクセス解析

156ページ

アクセス解析機能を使って、お客様のニーズを読み取り、今後のショップ運営に活かす。

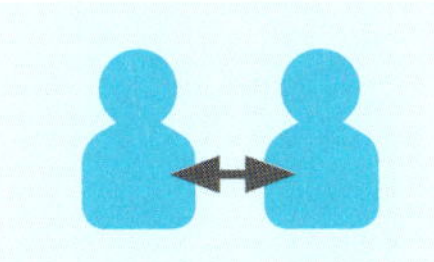

お客様への対応

174、184ページ

ネットショップはリピーターを増やす施策が大事。不安をもったお客様への対応もしっかり考える。

受注&在庫管理

148、150ページ

注文を受けても、受注管理と在庫管理ができていなければ、お客様に適切に商品を届けられない。

梱包資材

158ページ

商品が届いたときにまずお客様が目にするのが梱包資材。大切な商品をどのように送るかを考える。

PART 4

決済代行サービスに申し込む

入金を一元化してくれる決済代行サービス

お客様の便宜を図るために、さまざまな決済手段を用意することは重要ですが、多くの決済手段と契約するのは大変ですし、契約後も入金の確認が煩雑になってきます。

そこで便利なのが複数の決済手段と一度に契約でき、それらの入金を一元管理してくれる「決済代行サービス」です。選択した全決済手段で支払われるお客様からの入金を代行し、まとめてショップ側に入金してくれます。すべての入金情報はウェブサイト上で一元的に管理できるので、入金確認を簡略化できるのもメリットです。

なかでも便利なのが「カラーミーペイメント」です。オンライン上で申し込みが完結するうえ初期費用は0円。難しい設定も必要ありません。特定商取引法に関する表記が閲覧できる状態にあるサイトに商品が掲載されれば、だれでも利用できます。

カラーミーペイメントが対応する決済方法は、ネット購入者の約半数が利用する「クレジットカード」、その次に人気が高い「代引き」のほか、「コンビニ決済」、「ネット銀行」、「電子マネー」など多岐にわたります（次ページ表参照）。

カラーミーペイメントからショップへの入金は月末までの売上が翌月または翌々月20日に支払われるのが基本ですが、2回締めオプション（月額３００円、個人契約の場合）を利用すれば、月2回（5日と20日）の入金も可能です。

決済サービスを利用する際は審査が行われます。承認を得るまでに通常13日程度かかるのが一般的ですが、カラーミーペイメントではビザ、マスターの2大クレジットカード会社の審査にかぎって最短1日で審査結果が出る「カード決済最速導入プラン」を用意しています。すぐに決済手段を手に入れることも可能です。

次ページの表に基本料金を掲載していますが、月額５０００円で利用できる月額固定プランも用意されてます。

カラーミーペイメントが対応する決済手段と手数料

カラーミーペイメントの基本料金（個人契約の場合）

サービス名	月額最低手数料(税抜)		月額費用	決済手数料(税抜)	加盟店入金日
	PC	スマホ			
【クレジットカード】					
VISA/MASTER/DINERS	300円	1,300円	無料	5.5%	売上月末締 翌々月20日
JCB/AMEX	250円	500円		5.5%	
【コンビニ】					
セブンイレブン、ファミリーマート、ローソン、セイコーマート	500円	1,000円	無料	130円～/回(注2、注3)	売上月末締 翌月20日
【ネット銀行】					
ジャパンネット銀行	500円	1,000円	無料	78円/回	売上月末締 翌月20日
楽天銀行				4.0%(最低40円/回)	
住信SBIネット銀行				78円/回	
ペイジー				3.5%(最低180円/回)	
【電子マネー】					
ウェブマネー	500円	1,000円	無料	13.0%/回(注1)	売上月末締 翌々月20日
BitCash(物販)				5.5%/回(注1)	
BitCash(コンテンツ)				7.0%/回(注1)	
電子マネーちょコム(物販)				5.0%/回(注1)	
電子マネーちょコム(コンテンツ)				7.0%/回(注1)	
【代引き】					
ゆうパックコレクト	1,000円	1,500円	-	280円～/回(注4)	売上月末締 翌月20日
カンガルー代引			-		
【ウォレット】					
PayPal	-	-	300円	280円～/回(注5)	売上月末締 翌々月20日
Yahoo!ウォレット決済サービス	-(注6)	-(注6)	3,000円	280円～/回	
【スマートフォンキャリア決済】					
ドコモケータイ払い	-	-	3,000円(3キャリアセット)(注8)	6.0%(注7)	
auかんたん決済	-	携帯未対応		6.0%(注7)	
ソフトバンクまとめて支払い	-	携帯未対応		6.0%(注7)	
【後払い決済】					
GMO後払い	-	-	1,000円	4.0%+180円/回(注8)	売上月末締 翌々月20日
【プリペイド決済】					
JCB PREMO	500円	-(注6)	1,000円	5.0%(注9)	
【多通貨決済】					
クレジットカード決済(多通貨)	無料	無料	5,000円	6.0%(注1) 外貨関係事務処理経費2.0%(注10)	

(注1)クレジットカード決済手数料は課税対象分に別途消費税が加算される。当月決済金額合計に対してかかる。
(注2)1回の決済金額が1,999円までの場合の手数料。
(注3)コンビニ決済は1回あたりの決済金額が5万円以上の場合、印紙代(200円)が別途必要となる。
(注4)別途運賃がかかる(ゆうパック・カンガルー便)。
(注5)個人契約でのお申込みの場合、コンビニ決済(ローソン、セイコーマート)はクレジットカード決済(VISA、MASTER、DINERS)と セットとなり、月額最低手数料はクレジットカード決済(VISA/MASTER/DINERS)に含まれる。決済手数料はPayPal提供の手数料に準じる。海外取引をした場合の決済手数料は3.9%+40円。※PayPal決済の取消を行った場合、トランザクションごとに40円/件のキャンセル処理料が発生する。※PayPal決済手数料は非課税となる。※ご契約いただいているいずれかの決済において、初回トランザクションのかかる月、またはサービス提供開始日の翌々月のうちいずれか早い月より適用される。※携帯電話での決済には未対応。※チャージバックが発生した際には、1件の取引につき1,300円の手数料が発生する。※月額費用に別途消費税がかかる。
(注7)携帯電話での決済に標準対応している。
(注8)初期設定では、請求書タイプは「封書」が設定されているが、「はがき」を希望の場合は、申込時に"オプションサービス"のGMO後払い(請求書タイプはがき)を選択ください。※月額費用に別途消費税がかかる。※決済手数料は非課税。
(注9)売上請求時の処理手数料等に適用される。※JCBクレジットカード決済のご契約が必要になります。※2回締めサービスを利用した場合、手数料は締め日ごとに計算される。
(注10)外貨関係事務処理経費とは、決済取引単位でかかる為替変換の手数料のこと。

カラーミーペイメントを申し込む

カラーミーショップのトップページを開く

❶決済サービス画面に移る

❶カラーミーショップのトップページを開きます。

❷画面下部にある「決済サービス」をクリックします。

❷「決済サービス」画面を開く

❶「新規お申込（個人）」をクリックします。法人の場合は、「新規お申込（法人）」をクリックします。ここでは個人の場合で説明していきます。

❸必要事項を記入する

カラーミーショップ
×
Epsilon by GMO
イプシロン　カスタマーサポ
お問い合わせ（平日9:30～18
カラーミーペイメントお申込み
(カラーミーペイメントはGMOイプシロン株式会社が提供する決済代行サービスです。)
NEW
支持率 NO.1
絶対お得！「らくらく送金」で隠れたコストを大幅削減！
GMOイプシロン
らくらく送金
どの口座宛でも銀行の半額以下の手数料で振込、
しかも4件/月までは永久無料！（個人は2件/月）
活用例：仕入先への入金、賃料、プライベート支払等々
下記の情報をご入力ください。 入力完了後、"申込みをする"をクリックしてください。
担当者名 必須
山田
太郎
担当者名（カナ） 必須
ヤマダ
タロウ
ご連絡先TEL 必須 携帯推奨
03
6415
6755
ご連絡先E-mail 必須
support@epsilon.jp
ご連絡先E-mail(再入力) 必須
support@epsilon.jp
サイトURL
http://www.epsilon.jp
カラーミーアカウントID
PA12345678
このページからお申込みいただけるプランは以下のとおりです。
お申込プラン内容
プラン名称「カラーミーペイメント」
カラーミーショップユーザー様だけのお得な決済プランです。
導入コストゼロ「初期導入費用無料」
売上が増えても安心「決済処理手数料無料」
イプシロン決済サービス利用約款と個人情報の取扱いについてに同意します。
申込みをする
❶必要事項を記入していきます。
❷利用約款を読んだら、ここをクリックしてチェックを入れます。
❸「申込みをする」をクリックします。

PART 4

ショッピングカートを設置する

新しいショッピングカートならお客様を離さない

カラーミーショップでネットショップをつくると、自動的に「ショッピングカート」がショップページに追加されるようになっています。

もちろん、はじめからあるショッピングカートでも十分ですが、2015年10月に実装された、新しいショッピングカートの利用をオススメします。

はじめからあるショッピングカートは、カートに商品を入れてから合計で6ページ遷移しないと購入が完了しません。しかし、新しいショッピングカートは、入力ページをひとつにまとめることによって、3ページで完了できるようになりました。

また、メールアドレスを大きく表示することによって、メールアドレスを二度入力するという手間がなくなりました。

そのほか、商品の個数や発送方法によって合計金額が変わる場合、リアルタイムで合計金額欄が変わるようになっています。これでお客様は、自分が支払うべき金額を常に確認することができるようになりました。

こうした改善をほどこすことで、購入完了までの時間の短縮を実現しました。これにより、お客様がカートページに入力中に買い物をやめてしまう確率がぐっと減ります。

この新しいショッピングカートは管理者ページから無料で変更することができます。

新しいショッピングカートに変更したあとでも、元のショッピングカートに戻すことは可能です。なので、一度新しいものに切り替えてみて、試してみるといいでしょう。

また、カラーミーショップには「どこでもカラーミー」という機能があり、カラーミーショップ以外のホームページやブログなどにショッピングカートを設置することができます。言い換えれば、ホームページやブログを通販ツールとして利用できるということです。こちらの機能も一度試してみることをオススメします。

ショッピングカートを替える

カラーミーショップのトップページを開く

❶「デザイン」画面を開く

❶「ショップ作成」にカーソルを合わせます。

❷「デザイン」をクリックします。

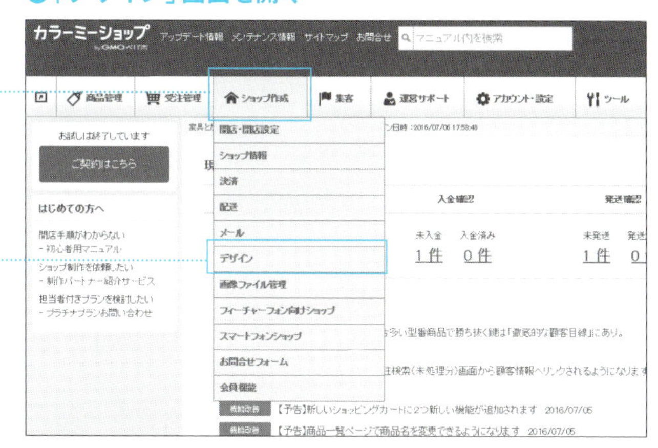

❷「ショッピングカート」画面を開く

❶「ショッピングカート」をクリックします。

❸新しいショッピングカートに切り替える

❶「新しいショッピングカートを利用する」をクリックします。

❷「保存」をクリックします。

TECHNIQUE

元のショッピングカートに戻すには?

デフォルトのショッピングカートに戻したい場合は、「これまでのショッピングカートを利用する」をクリックして「保存」をクリックします。

ADVICE

新しいショッピングカートと従来のショッピングカート

左側が新しいショッピングカートを使ったときの画面で、右側が従来のショッピングカートです。従来のショッピングカートだと、入力画面に推移するのためにクリックしなければなりませんが、新しいほうは、ショッピングカート画面を開くとすぐに入力画面が現れるようになっています。

<新しいショッピングカート>

<従来のショッピングカート>

「どこでもカラーミー」の設定を行う

❶「商品編集」画面を開く

❶「商品管理」にカーソルを合わせ、「商品管理」をクリックします。

❷「どこでもカラーミー」を使いたい商品の「修正」をクリックします。

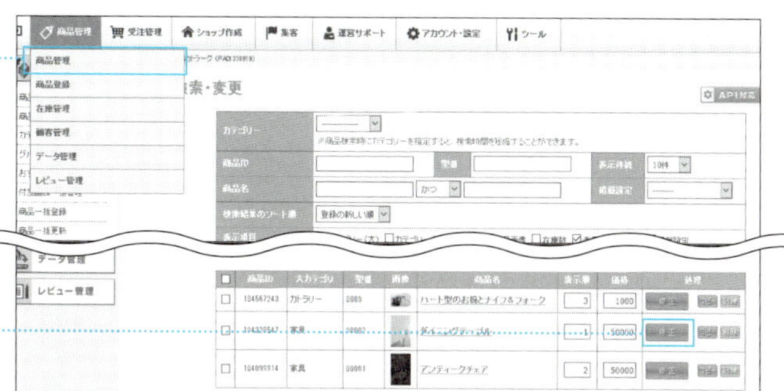

❷「どこでもカラーミー」をクリックする

❶「どこでもカラーミー(カートJS機能)」をクリックします。

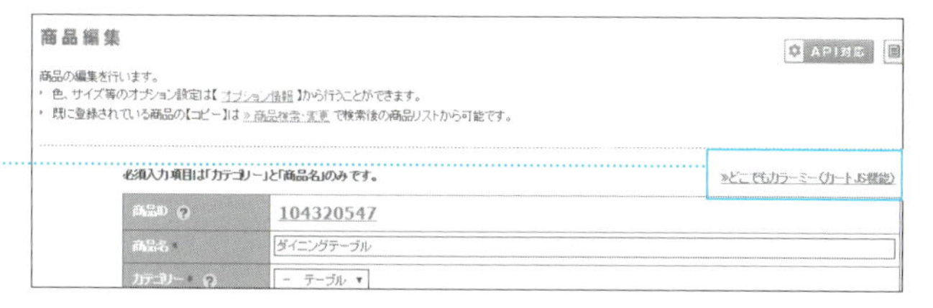

❸各項目を設定する

❶設定画面が別ウインドウで開きます。

❷各項目を設定していきます。

ADVICE

項目設定をプレビューで確認する

設定を変更するとプレビュー画面が自動で更新されるので、どのように見えるかを確認しましょう。

❸「JSコード」をコピーして、ブログやホームページの所定の場所に貼り付けます。

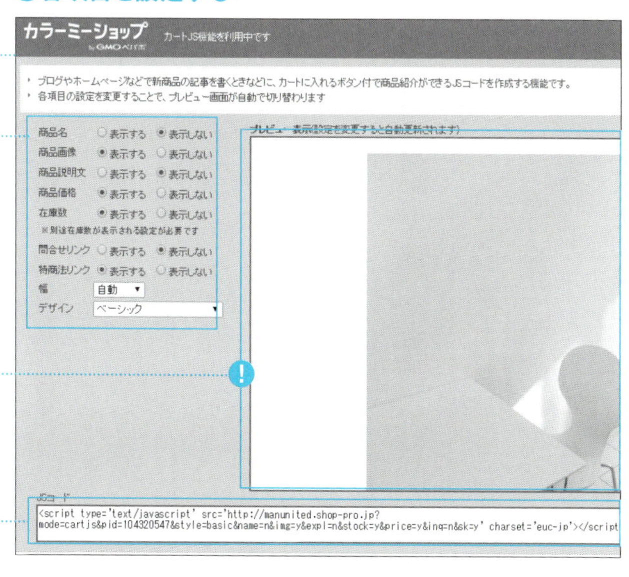

PART 4

お客様を集める商品価格の決め方

商品の価格は何を基準に決めればいいのか

ネットショップではかんたんに他店との価格の比較ができるため、価格競争に陥りやすくなります。特に多くの店が取り扱う商品では、その傾向が強くなります。購入する側の視点で考えれば、お客様は価格に対してシビアであることを実感として理解できるはずです。

とはいえ、仕入れ値より安く売れば利益は出ず、ショップを存続させることはできません。では、商品の販売価格はどう決めたらいいのでしょうか。

一般的には、仕入れ価格に20%～30%を上乗せした販売価格にするのが普通といわれています。たとえば、１０００円で仕入れた商品なら販売価格を１２００円～１３００円に設定するわけです。

ところが、他店が同じ商品を１１００円で売っていたら、価格競争で負けてしまいます。**販売価格を決める前にライバル店の価格動向を調べましょう。**

取扱商品の利幅を一律にする必要もありません。ある商品は利幅を大きく、競争が激しい商品は利幅を小さく設定するというような柔軟な価格設定をする工夫も必要です。

また、ネットショップならではの価格設定の方法もあります。実店舗では、ひとつの商品に複数の価格を設定することはほとんどありません。

一方、ネットショップであれば、「初回限定」の特別価格や特定のサイトから遷移した場合にだけ特別価格が掲載されたページを表示することも可能です。たとえば、ある商品を２９８０円に設定して商品紹介ページを作成します。これとは別に初回購入者限定特別価格１９８０円といった特別のページをつくります。

このように**同一商品で複数の価格設定をすることで、お客様の購買意欲を刺激するわけです。**

いずれにしろ商品価格は仕入れ価格と他店の動向にどうしても左右されます。その点ではネットショップを開く段階で他店の動向に左右されづらい商品を扱うというのもひとつの方法です。

商品価格の決め方

①原価から価格を決める方法

メリット 一定の利益を確保しやすい

デメリット 設定価格が市場に受け入れらなければ、まったく売れない可能性がある

コストプラス法

製造原価（または仕入原価）に利益を加えて価格を設定する方法。需要に対して供給が不足する「売り手市場」の場合か、市場における競争が激しくない場合に有効。

マークアップ法

原価に一定率の利益（マークアップ）を上乗せして価格を設定する方法。たとえば、80円で仕入れた鉛筆を25%の利益を乗せて100円と値付けする。

②消費者を基準に価格を考える方法

メリット 消費者のニーズに合った価格設定をするので商品が売れやすい

デメリット 利益が確保しにくくなる

知覚価値価格設定法

商品の価値をユーザーがいくらと考えるかを基準に価格を決める方法。最初に「売れる価格」を認識し、それに原価を合わせることを考える。

需要差別価格設定法

同一商品でも需要に差がある市場セグメント（区分）ごとに価格を設定する方法。航空券のように時間帯、時期などのセグメントごとに価格を設定する。

③競争相手から価格を決める方法

メリット 価格競争力があれば、ライバルを駆逐できる

デメリット 価格競争力がない小規模ショップには向かない

公開競争価格設定法

競合企業の価格を基準にして、それよりも低い価格を設定する方法。ライバルより安い価格を設定することで競合企業のシェアを奪うことを狙う。

実勢価格設定法

販売価格を市場価格と同一または高く設定する方法。自社の商品が品質、機能、サービスなどの点において、競合商品よりも優れている場合にのみ用いられる。

PART 4

仕入れルートを確保する

在庫を切らさないために仕入れ先を探す

ネットショップを始める以上、商品の仕入れルートの確保が必要です。同じ商品を扱うショップに仕入れ先を聞いてもかんたんには教えてくれないでしょう。同じ商品を売る＝ライバル店となるからです。仕入れ先が特定できる情報を商品から取り除くショップもあるほどです。

仕入れルートを開拓する方法にはおもに以下のような方法があります。

①ネット上の卸問屋

ネット上の卸問屋から商品を仕入れる方法です。売りたい商品を見つけ、交渉して仕入れます。次ページに挙げたような卸問屋サービスがあります。

②海外からの直輸入

自ら海外で買い付ける方法

③見本市、展示会

見本市や展示会へ足を運び、直接交渉して商品を調達する方法。見本市・展示会を探すのはJETRO（日本貿易振興機構）の「世界の見本市・展示会情報（J-messe）」が便利です（次ページ参照）。

④一般の卸問屋

卸問屋から商品を仕入れる方法。実績がないと取引してくれない場合があります。

仕入れ先との交渉において、押さえるべき3つのポイントが「卸値」「単位」「支払い方法」です。

「卸値」とは「いくらで売ってくれるか」ということ。高すぎれば利益が出ません。「単位」は卸売り業者の販売単位（ロット）のことです。卸売業者は基本的にまとまった量でしか売ってくれないので、その最低ロットを知る必要があります。

そして「支払い方法」です。現金支払い、掛け売りかだけでなく、保証金を出さないと取引できない場合もあります。

卸問屋も熱意あるショップを探しています。最終的に取引の可否は事業規模ではなく、「○○を売りたい」という熱意だったりします。取引開始後に販売実績を積み上げれば取引条件を優遇してくれる可能性もあります。

主要ネット卸売サイトと 見本市・展示会データベース

▼おもなネット卸売サイト

アパレル・雑貨

スーパーデリバリー

http://www.superdelivery.com/

1,000社以上のメーカーからアパレル・雑貨を中心にさまざまなジャンルの商品の仕入れが可能。

- ●会費:月額2,000円(税別)
- ●少量からの仕入れが可能

総合

Rダイレクト

http://r-direct.net/

後払いができるのが特徴。さまざまなジャンルの商品を仕入れることができる。

- ●会費:無料
- ●少量からの仕入れが可能

総合

NETSEA

http://www.netsea.jp/

問屋・メーカー約4,800社が参加する国内最大級の企業取引サイト。

- ●会費:無料
- ●取扱い商品が豊富

雑貨

A&Bトレード

https://www.ab.comolife.net/abtrade/

卸売の老舗・コモライフが運営。商品数が豊富で取り扱いジャンルも多岐にわたる。

- ●会費:無料
- ●商品データを無料提供

アパレル

ICHIOKU.NET

http://www.ichioku.net/

約200の卸問屋やメーカーから仕入れができる業界最大級アパレル専門卸サイト。

- ●会費:無料
- ●同サイトのみの限定商品が多い

美容・健康

卸の達人

https://www.oroshi-tatsujin.com/

ダイエット・美容・健康商品をおもに扱う卸問屋。エンドユーザーへの直送を行う。

- ●会費:無料
- ●全品1個からの仕入れが可能

▼見本市・展示会を調べられるサイト

総合

世界の見本市・展示会情報 (J-messe)

http://www.jetro.go.jp/j-messe/

国内のみならず、世界の見本市・展示会を検索できるデータベース。業種別に検索できるほか、国内の見本市・展示会は都市ごとに、海外は国別に検索できる。また、これから開催されるものだけでなく、過去に開催されたものも検索できる。

PART 4

“売れる”商品写真を撮影する

きれいな写真で他店に差をつける

ネットショップを訪れるお客様に、取り扱う商品の魅力を伝える商品写真は、重要な役割を果たします。

ただ単に商品の見た目を伝えるだけでなく、**写真を使って商品の使い方を説明したり、商品の使い方を提案することで他店との差別化を図ることができる強力なツールになります。**多くの商品を扱うショップでは、写真撮影はかなりの労力を費やすことになりますが、写真の出来映えで商品の売れ行きは変わってくるので手を抜かないようにしたいものです。

デジタルカメラを使った撮影のテクニックを説明してくれるウェブサイトはたくさんあるので、それらを参考にしながら試行錯誤するといいでしょう。

写真を撮る際に特に気を付けたいのが、光の当て方です。小物などであれば、本格的な機材を使わなくても、家庭用のデスクライトでも、光の当て方を工夫すればきれいな写真を撮ることができます。また、自然光をうまく使うことでも仕上がりのいい写真になります。いろんな角度から撮って研究するといいでしょう。もちろん、商品によっては人工光のほうがきれいに撮れるものもあります。

また、商品の背景や置き方を変えたりするのも方法です。たとえば、背景を黒色にするだけでも高級感を演出できることもありますし、商品を斜めに傾けることでも印象を変えることができます。

そのほかにも、構図を変えたり、撮影アングルを変えてみたりすることでも、商品のイメージは大きく変わります。

撮影した写真は、お客様の立場になって見てみることが大切です。商品の魅力をきちんと伝えられているかを確認しましょう。

デジタルカメラで撮影した画像を商品ページなどにアップロードしますが、推奨サイズは500KB以内です。画像サイズが大きいとアップロードできないだけでなく、ショップページの表示が遅くなるので、サイズは推奨サイズを超えないようにしましょう。

デスクライトや自然光を上手に利用しよう

自然光で撮った写真

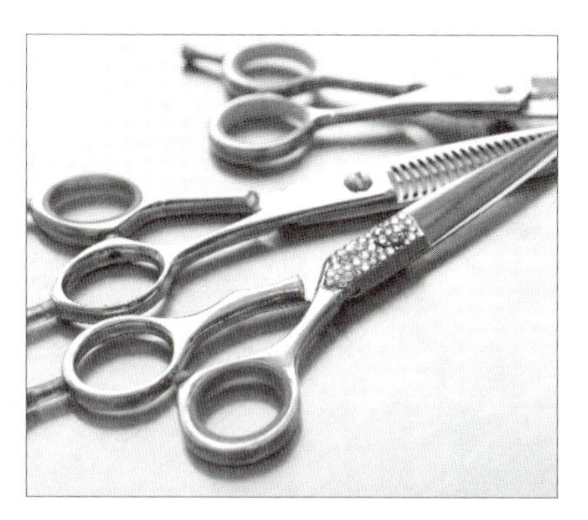

蛍光灯の下で撮った写真

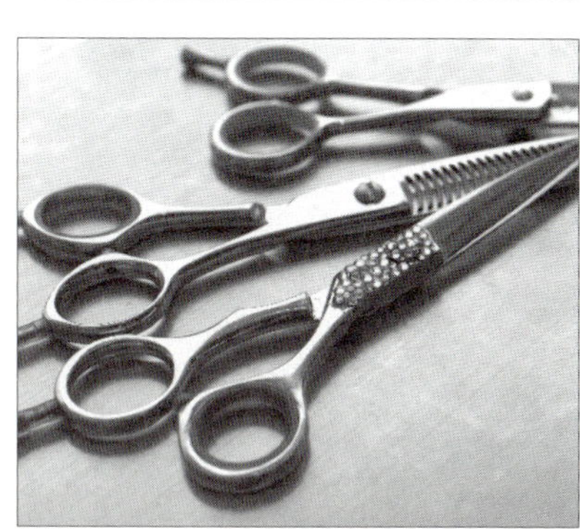

左側が自然光で撮った写真、右側が蛍光灯の下で撮った写真になります。モノクロなのでちょっとわかりづらいですが、自然光で撮った写真のほうが影が柔らかく仕上がります。また、自然光でなくても、家庭用のデスクライトをうまく使うことで、蛍光灯の下で撮るよりも柔らかく仕上げることも可能です。デスクライトを使う場合は、角度を変えたり、複数使ったりするなど、いろいろと試してみるといいでしょう。

普通に撮った写真

構図を変えて撮った写真

普通に上から撮った写真（左）は、決して悪くはないですが、お客様に訴えかけるような特別感がありません。一方、右側の写真は、お皿の上にナイフとフォークを並べたうえに、やや水平方向から撮影することで構図を変えています。右の写真のほうが、商品写真として魅力的なことは言うまでもありません。ただし、ナイフとフォークは商品ではないことをわかりやすく書き添えておくことを忘れずに。

PART 4

受注を管理する

商品を届けるために「受注管理」は超重要

ネットショップの注文が増えてくると、効率的な「受注管理」を行わなければ、受注を確認する業務に追われ、ほかの作業に手が回らなくなります。

具体的には**「誰が」「どの商品を」「いつ」「いくつ」「いつまでに」必要としているのかを管理する**のが「受注管理」です。

いくら注文があっても、こうした情報がなければ適切に商品をお客様にお届けできません。それゆえ、受注管理はネットショップの運営において、とても重要な作業です。

この作業をサポートするために、カラーミーショップには「受注管理」機能が標準装備されています。

「受注管理」機能では、注文が入ると自動的に受注日やお客様の住所やメールアドレスなどの個人情報のほか、売上金額や決済方法などさまざまな情報が登録されます。注文ごとの受注メール、入金メール、発送メールの送信、未送信も一目瞭然です。つまり、どの商品にどのくらいの受注が来ていて、発送状況や在庫状況がどのくらいかなども、いち早く確認することができるのです。

受注管理システムをカラーミーショップ外部から導入することもできますが、月額数万円かかる場合もありますので、まずは追加費用なしで利用できる「受注管理」を十分に活用しましょう。

しかし、ショップ運営が軌道に乗ってきて、ほかのショッピングモールに出店したり、複数のショップを運営するようになり、データを統合して管理するなら、標準装備されている機能だけでは対応できなくなってきます。そうなった場合は、利用料を支払ってでも多店舗の受注情報を一元管理できる受注管理システムを外部から導入したほうが業務の効率化が進む場合もあります。

売り上げがない段階で高額なシステムを導入するのは、資金に余裕がなければオススメできませんが、ショップが軌道に乗れば、外部の受注管理システム導入を検討してみましょう。

「受注管理」でできること

❶受注データを確認して、請求書・領収書をプリントアウトする

❶「受注管理」にカーソルを合わせ、「受注管理」をクリックします。

❷受注を検索するための項目を入力します。

❸「検索」をクリックします。

❹手順❷で設定した検索条件に合致した注文が表示されます。

❺売上IDをクリックすると、その注文の詳細が表示されます。

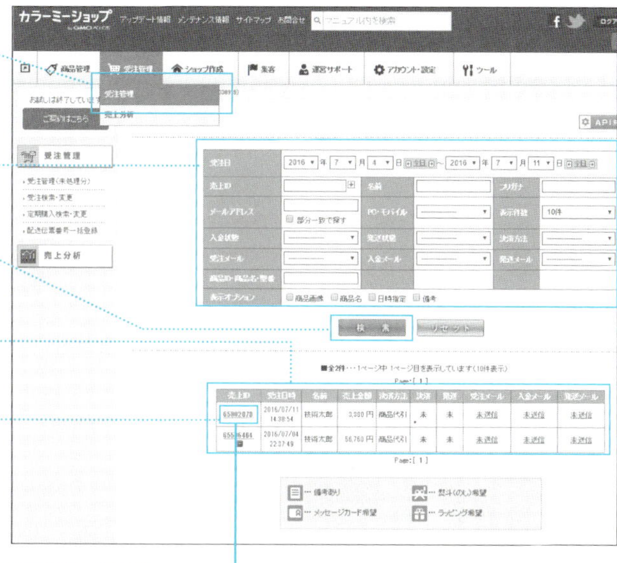

❻「受注内容確認」画面が表示されます。

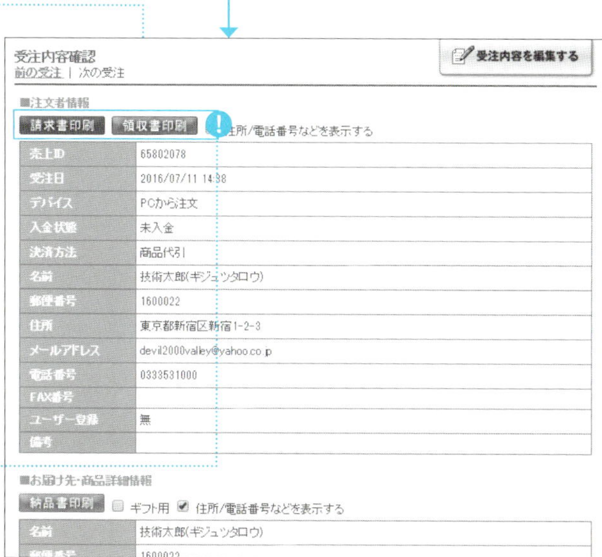

ADVICE

発送や入金漏れがないかこまめにチェック

発送や入金漏れや、各種メールの送信漏れがないか、チェックするクセをつけましょう。

TECHNIQUE

請求書や領収書を印刷できる

プリントアウトすることで、商品発送時に同封する請求書や領収書をかんたんに作成できます。

PART 4

在庫を管理する

「在庫管理」の巧拙によって売上は大きく変わる

昨今ではアマゾンや楽天などで翌日配送どころか、一部の地域では当日配送も可能になっています。迅速な配送に慣れたお客様にとって、ショップのウェブで「在庫あり」だった商品が、注文後に在庫がなかったと注文をキャンセルされると、大きなクレームにつながります。そのために在庫管理をしっかり行い、商品を切らさず、商品を速やかに発送することはとても重要です。

カラーミーショップにはすべてのプランで利用できる「在庫管理」機能が用意されています。この機能を利用すると、商品の在庫数を入力すれば、商品が売れるごとに在庫数を自動的に減らして表示してくれるので便利です。在庫がなくなれば「在庫なし」と表示できたり、商品自体を表示しないように設定できるので、お客様が在庫切れの商品を注文することを避けられます。

また、商品ごとに「適正在庫数」を設定すれば、その数を下回ると、在庫が少なくなったことをメールで警告してくれるので、在庫切れによる販売機会ロスの発生を未然に防止できます。

この機能を使わずに自力で在庫管理しようと思っても、取扱商品数が多くなり、注文数が増えるにつれて、在庫数の把握は難しくなっていきます。在庫数を把握できなければ、在庫がない商品を受注したり、適切に商品の補充ができず、販売機会ロスなどが起こります。そうなれば謝罪対応などの業務が増えるだけでなく、お客様が他店に流出するかもしれません。**在庫管理の巧拙がショップの売上や利益を大きく変えるといってもいいすぎではありません。**この機能を使いこなし、適切な在庫管理を行いましょう。

スマートフォンを併用している人は、アプリ「カラーミーショップ ネットショップ運営サービス」をインストールしておけば、ショップの在庫や受注の状況をスマートフォンでも確認できます。iPhone、Androidともに用意されているので使ってみましょう。

「在庫管理」でできること

❶在庫データを入力する

❶「商品管理」にカーソルを合わせ、「在庫管理」をクリックします。

❷在庫数を知りたい商品の検索条件を入力します。

❸「検索」をクリックします。

❹手順❷で設定した検索条件に合致した注文が表示されます。

❺現在の在庫数を入力します。

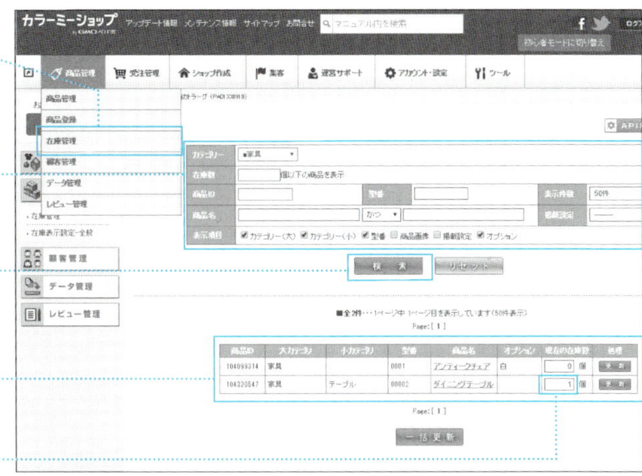

❷在庫データの表示を設定する

❶「在庫表示設定・全般」をクリックします。

❷商品ページに現在の在庫数の表示させたり、在庫が少なくなったときや売り切れ時の表示設定を行うことができます。

❸「更新」をクリックします。

PART 4

顧客情報を管理する

顧客情報は宝物 有効活用しよう

１４８ページで受注管理について述べましたが、受注管理データは、お客様の個人情報など重要な情報の宝庫です。

顧客管理（CRM）をすることで、ショップとお客様との関係をより良くしていくことに役立てられます。

ネット広告などを使って、新規顧客を開拓することも大切ですが、リピーターを増やしていくことも大切です。

お客様の**LTV**（顧客生涯価値）を上げるためにも、お客様の「属性」や「購買履歴」をデータベースとしてつくるようにしましょう。

「いつ、誰が、何を、何個、いくらで買ったのか。それを何に使うのか……」

こうした分析をすることで、関連する商品を勧める「**クロスセル**」、より上位の商品を勧める「**アップセル**」のアイデアが生まれ、よりお客様に満足していただけるショップにするために役立てるのです。

その代表的な例はアマゾンの「レコメンド機能」です。アマゾンを利用したことがある人なら、過去の購入履歴から類推したオススメ商品バナーを一度は見たことがあるはずです。

これと同様に**CRMを行うことで、お客様が欲しい商品をいつも揃えているショップにできれば、お客様の購入意欲を刺激して、LTVを上げることができる**はずです。

また、支払いや返品の状況、クレーム情報などもデータベース化すれば、支払いもれやトラブルを未然に防ぐことにも役立てることができます。顧客管理のデータにはお客様のメールアドレスも含まれます。このメールアドレスデータはショップの情報を発信するメルマガを送信する際の大切なデータベースになります。

なお、カラーミーショップでは注文していただいたお客様の情報は【商品管理】↓【顧客管理】で表示されます。このデータは【データ管理】からダウンロードできるので顧客分析に役立てましょう。

「顧客管理」でできること

❶顧客データを表示する

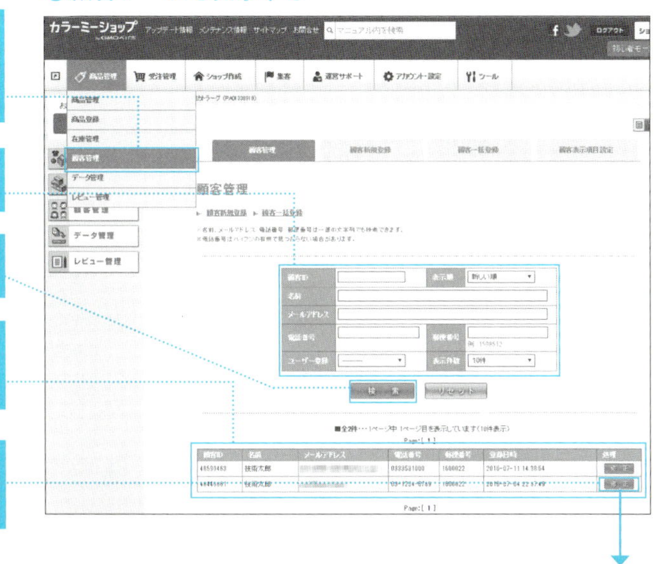

❶「商品管理」にカーソルを合わせ、「顧客管理」をクリックします。

❷検索条件を入力します。

❸「検索」をクリックします。

❹手順❷で設定した検索条件に合致した注文が表示されます。

❺「修正」をクリックすると、その顧客の詳細が表示されます。

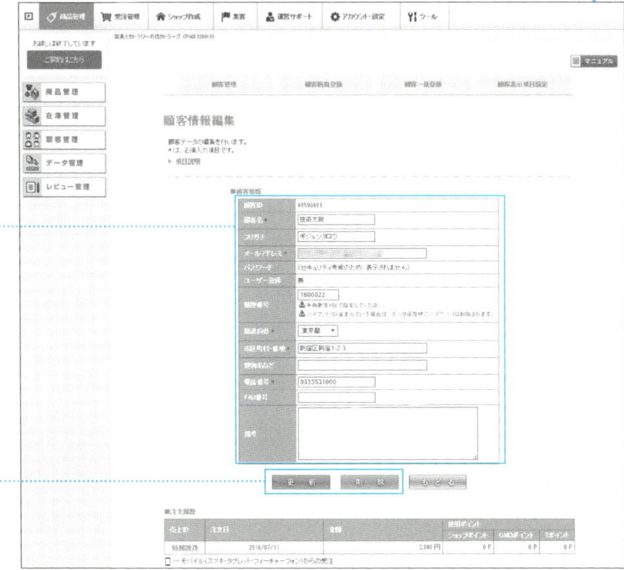

❻顧客情報を修正したい場合は、各項目に入力します。

❼情報を修正したい場合は「更新」を、情報を削除したい場合は「削除」をクリックします。

顧客データをダウンロードする

❶オーナー情報をクリックする

❷パスワードを設定する

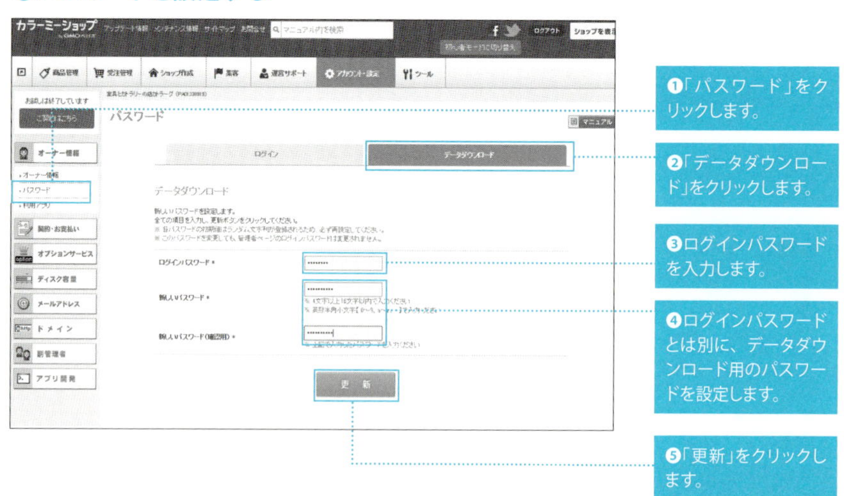

❸パスワードを入力する

❶「商品管理」にカーソルを合わせます。

❷「データ管理」をクリックします。

❸154ページ「❷パスワードを設定する」で設定したデータダウンロード用のパスワードを入力します。

❹「ログイン」をクリックします。

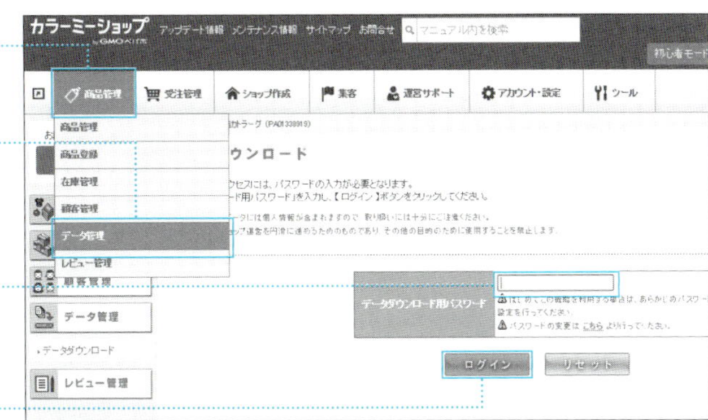

❹顧客データをダウンロードする

❶「顧客データ」を選択し、「表示する」を選択します。

❷「ダウンロード」をクリックすると、CSV形式のデータがパソコンにダウンロードされます。

KEYWORD

LTV

日本語で「顧客生涯価値」というように、ある顧客がその企業と取引している間にどれだけの利益（価値）をもたらしてくれるかを測定する指標のこと。顧客価値＝利益×取引期間（ライフタイム）×割引率（現在価値係数）で表す。お客様に継続的に商品やサービスを選択し続けてもらうことでLTVを最大化することが顧客管理で重視される。

クロスセル

ある商品の購入を考えている顧客に対し、その商品に関係する商品を組み合わせることで同時に購入を促す販売手法のこと。ハンバーガーと一緒にドリンクやポテトなどのサイドメニューを勧める販売手法はその代表例のひとつ。

アップセル

ある商品の購入を考えている顧客に、当初希望していた商品より、上位商品を勧める販売手法のこと。また、既存顧客に上位商品への買い換えを促す販売手法もアップセルといえる。

PART 4

アクセス解析機能をショップづくりに活かす

アクセス解析で売り上げアップを目指す

大企業では、顧客データを蓄積して改善点や新たなビジネスチャンスを見つけるために役立てています。それは小さなネットショップでも同じです。お客様のデータを分析することで、売り上げを大きく伸ばすヒントを見つけるわけです。

データ分析の代表的な考え方に「ＲＦＭ法」と呼ばれる手法があります。これは、「Ｒ（recency）」（いつ買ったか、最近購入しているか）、「Ｆ（frequency）」（どのくらいの頻度で買っているか）、「Ｍ（monetary）」（いくら使っているか）でお客様をセグメント（分類）して、顧客対策を考える方法です。

リピーターを増やすために、ＲＦＭの各項目が高い優良顧客に対して限定商品の案内などを掲載したメルマガの発行などを行い、売り上げの向上につなげるわけです。

カラーミーショップでは、ＲＦＭ分析を行う元になる顧客データを収集するために、高機能のアクセス解析機能「アクセスプラス」が用意されています。

「アクセスプラス」はエコノミープラン以外であれば無料で利用でき（エコノミーは月額５４０円、税込）、面倒な設定は必要ありません。

アクセスプラスの基本画面では、「アクセス数」「アクセス人数」「売上件数」「売上個数」「売上金額」といった基本的な情報だけでなく、ショップへの訪問者のうち実際に購入に至った人の割合を表す「購買率」や、ショップ利用者ひとりあたりの購入金額の平均値である「客単価」などが一目でわかります。

「アクセスプラス」は、購入者の傾向の把握、アクセスが多いのに売れない商品のページの改善点の発見など、売り上げを伸ばすヒントを見つけることができるツールです。

また、他社では集計できないショッピングカート内などのＳＳＬページのアクセスログもすべて取得し、商品を購入したお客様、お問い合わせのあったお客様の足あとを辿ることができます。

カラーミーショップのアクセス解析機能

高機能アクセス解析サービス「アクセスプラス」

【アクセス先】カラーミーショップの管理者画面▶ツール▶アクセスプラス

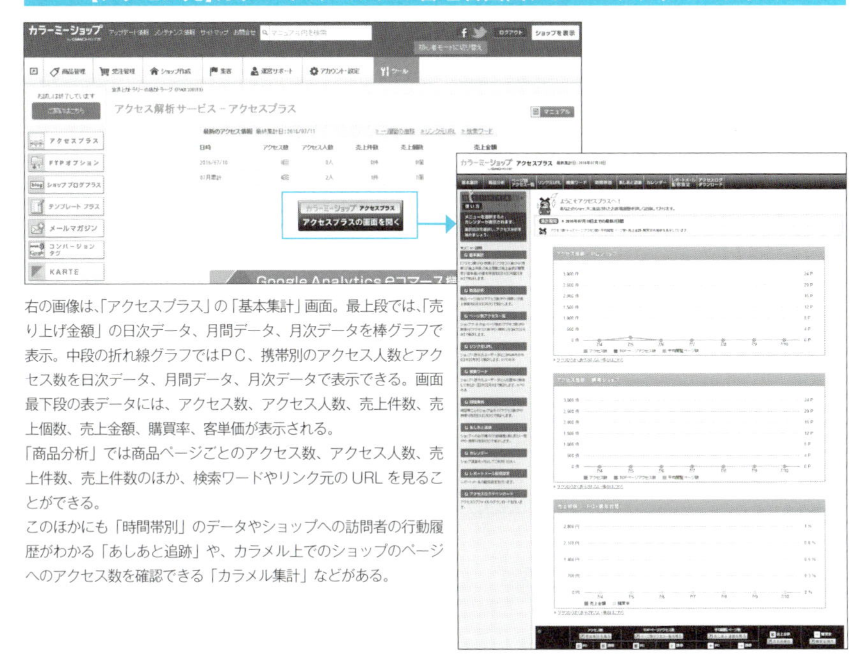

右の画像は､「アクセスプラス」の「基本集計」画面。最上段では､「売り上げ金額」の日次データ、月間データ、月次データを棒グラフで表示。中段の折れ線グラフではPC、携帯別のアクセス人数とアクセス数を日次データ、月間データ、月次データで表示できる。画面最下段の表データには、アクセス数、アクセス人数、売上件数、売上個数、売上金額、購買率、客単価が表示される。

「商品分析」では商品ページごとのアクセス数、アクセス人数、売上件数、売上件数のほか、検索ワードやリンク元の URL を見ることができる。

このほかにも「時間帯別」のデータやショップへの訪問者の行動履歴がわかる「あしあと追跡」や、カラメル上でのショップのページへのアクセス数を確認できる「カラメル集計」などがある。

アクセスプラスでできる集計項目

基本集計	「アクセス数」「アクセス人数」「売上件数」「売上個数」「売上金額」「購買率」「客単価」の基本項目を集計する。
商品分析	商品ページ別のアクセス数や売上情報を集計する。
ページ別アクセス一覧	ショップサイトの全ページ別の「アクセス数」「アクセス人数」を集計する。
リンク元URL　※PCショップのみ	ショップへ訪れたユーザーがどこから来たかを一覧表示する。
検索ワード　※PCショップのみ	ショップへ訪れたユーザーがどんな語句で検索してきたかを一覧表示する。
時間帯別	時間帯ごとのショップ全体のアクセス数を集計する。
あしあと追跡	ショップへの訪問者の行動履歴(あしあと)一覧を集計する。
カレンダー	ショップ運営のメモとして利用できる。
レポートメール配信設定	アクセス解析レポートメールの配信設定を行う。
アクセスログダウンロード	別のアクセス解析ツールでログを解析したい場合にログファイルがダウンロードできる。
カラメル集計	カラメル上でのショップのページへのアクセス数を集計する。 ※カラメルへ出店している場合のみ

PART 4

商品に適した梱包資材を考える

ショップの印象を左右する商品梱包の重要性とは

お客様が商品を受け取るとき、まず目にするのは商品ではなく、商品を梱包しているダンボール箱や封筒です。その意味では、**梱包はショップの第一印象を決定づけるかもしれない重要な要素であるといえる**でしょう。

梱包が雑であれば、マイナスはあってもプラスにはなりません。

ひとくちに梱包といっても、梱包用テープ、緩衝材（クッション材）、ギフトラッピング用品など、用途や商品の大きさ・重量に合わせて、たくさんの梱包資材が必要になってきます。

たとえば、ダンボールにも材質や形状、色の違いがあり、発送用に使われる紙袋も内側にクッション材を加工したものや水濡れ防止加工を施したものなどさまざまな種類のものがあります。

梱包用テープにも紙でできたクラフトテープ、プラスチック素材のＯＰＰテープ、布テープなどがあり、どれも一長一短です。

また商品によっては、一般に「プチプチ」と呼ばれる気泡緩衝材や、くしゃくしゃに丸めて使う更紙、クッションラップと呼ばれる紙製の緩衝材が必要になってきます。

ギフトラッピングを行う店舗では、ラッピングペーパー（包装紙）、リボン、ギフトバッグ、ギフトボックス、シール、ラッピングオーナメント（装飾）などを用意する必要があります。

このように、商品に合わせた梱包資材がいろいろ必要になりますが、一方ではあまりたくさんの種類を用意すると保管スペースが足りなくなる恐れがでてきます。梱包することだけを気にして、保管スペースがなくならないように注意しましょう。

梱包資材は専門の資材会社のほかホームセンターや運送会社などで販売しています。１００円ショップでも梱包用テープ、緩衝材、ギフトラッピング用品の入手は可能です。

おもな梱包資材

配送袋

汎用性が高く、ダンボールより安いため、もっとも利用頻度が高い梱包資材。佐川急便、ヤマト運輸など配送業者でも販売している。

参考
佐川急便エクスプレスバッグB-S
W82×D260×H320
単価／20円

ガムテープ

梱包を封する際に使用する。素材は紙製、布製、透明なOPPテープなどがあるので、用途に応じて使い分ける。

参考
Amazon.co.jp
布テープ軽梱包用　1巻
単価／150円

ダンボール

ポピュラーな梱包手段のひとつ。ただし、配送後にゴミになるダンボールの処分が面倒なため、なかにはダンボールが嫌いなお客様もいる。

参考
Amazon.co.jp
無地ダンボール箱 宅急便60サイズ 10枚
W235×D170×H80
単価／106円

エアキャップ

一般に「プチプチ」と呼ばれる、壊れやすいものの破損を避けるために使われる緩衝材。一般的には空気が入った突起部を内側にして商品を包む。

参考
Amazon.co.jp
クルーズキャップ専用カッター付き CR-700
幅30cm×長さ20m
単価／1,244円

▼梱包材を入手できるおもなショップ

包装材料卸問屋シモジマが運営するネットショップ
商い支援
http://www.akinaishien.com/

【取扱のある梱包材】オーダーダンボール、規格ダンボール、発砲緩衝剤、エアキャップ、梱包テープ、ラッピング用品など

ダンボール専門の通販ショップ
オーダーボックスドットコム
http://www.order-box.com/

【取扱のある梱包材】オーダーダンボール、規格ダンボール、発砲緩衝剤、エアキャップ、梱包テープ、ラッピング用品など

ヤマト運輸で配送なら
ヤマト運輸
http://www.kuronekoyamato.co.jp/sizai/sizai.html

【取扱のある梱包材】BOX、精密機器BOX、ボトルBOX、三角ケース、袋、クッション封筒など

佐川急便で配送するなら
佐川急便
http://www.sagawa-exp.co.jp/send/packing.html

【取扱のある梱包材】袋、BOX、クールBOX、ポスターBOX、ビジネスBOX、ボトルBOXなど

PART 4

スマートフォン用の設定を行う

スマホのネットショッピング利用者を取り込もう

MMD研究所が2016年4月に実施した調査では、スマートフォンの所有者率が日本全体の61・4%だったのに対し、フィーチャーフォン（従来型の携帯電話）の所有者率は全体の33・2%でした。2013年11月の調査では、スマホの所有者率が50・9%だったことを考えると、スマホが急速に普及している実情が垣間見えます。

また、2016年5月の調査では、ネットショッピングを利用したことがある人のうち、「スマートフォンを最もよく使う」と答えた人が65・8%にものぼりました。

近年はモバイル端末だけもち、パソコンを持たない人も増えていることもあり、**急速に普及しているスマホ経由のお客様を取り込む重要性が増しています。**

ところが、パソコン向けネットショップのページをスマホで表示すると、非常に見づらくなってしまいます。それを見やすくするために、スマホ用の画面設定を行いましょう。

カラーミーショップでは、「スマートフォンショップ設定」を行うだけで、スマホ用のショップページをかんたんにつくることができます。発送方法や入金方法などの商品データやカート画面などは、パソコン版のものがそのまま引き継がれるので、新たにショップページをつくる手間もいりません。また、商品写真は自動で画面の幅に合わせて表示されるようになるので、写真を加工する必要もありません。

2016年6月現在、対応しているのはiPhone、iPod touch、Android搭載のスマホです。お問い合わせフォームなど一部の画面には対応していませんが、今後対応する予定です。

なお、いずれもカラーミーショップの全契約プランで追加料金なしで利用できます。より多くのお客様に利用してもらうためにも、スマホ用の設定は必ず行いましょう。

スマートフォン用設定でより見やすく

スマートフォン版を設定していない場合

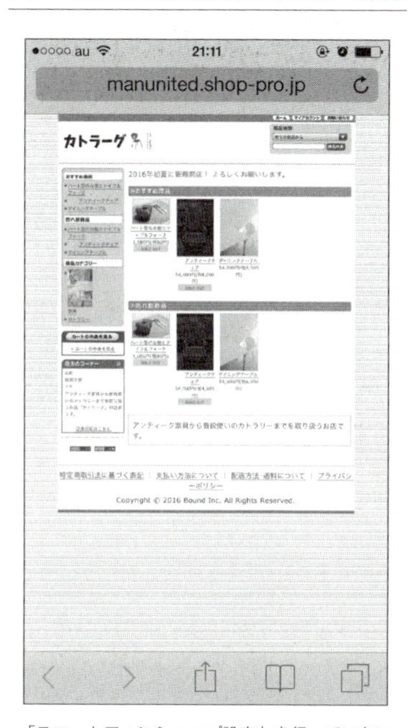

「スマートフォンショップ設定」を行っていないと、PCのショップページのレイアウトのまま表示されるため、文字も小さく、とても見づらいことがわかる。

スマートフォン版を設定した場合

「スマートフォンショップ設定」を行った場合に、スマホで表示される画面。左の画面と比べて、文字の大きさやレイアウトなど、格段に見やすくなっている。

ADVICE

スマートフォン、PCに対応するレスポンシブテンプレート

「レスポンシブテンプレート」とは、端末に合わせて写真やメニューなどの表示が自動的に変化するテンプレートのこと。ひとつのテンプレートであらゆる端末に対応するため、デザインの統一性を維持でき、作業の効率化にも役立つ。高額だが、メリットが大きいので、余裕があればレスポンシブテンプレートの使用を検討してはどうだろうか。レスポンシブテンプレートの設定方法については、94~95ページを参照のこと。

スマホ用の設定を行う

スマートフォンショップ設定を行う

❶カラーミーショップにログインする

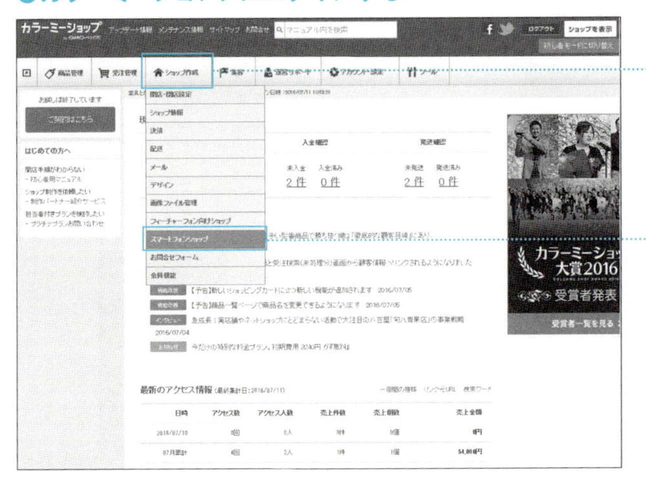

❶「ショップ作成」にカーソルを合わせます。

❷「スマートフォンショップ」をクリックします。

❷「スマートフォン表示設定」画面が開く

❶「スマートフォン画面モード設定」を初期設定の「PC版表示」から「スマートフォン最適化」に変更します。

TECHNIQUE

スマホページの設定の変更はPCと同じ

スマホ用の表示設定は基本的にPC版ショップの設定と同じです。

❸「スマートフォンデザイン設定画面」をクリックする

❶「スマートフォンデザイン設定画面」をクリックします。

❹テンプレートを追加する

ADVICE

「PLAIN」が初期設定で選択される

初期設定では「ＰＬＡＩＮ」が選択されています。このテンプレートを使用する場合は、新規テンプレートを追加をしなくてもかまいません。

❶「新規テンプレート追加」をクリックします。

❺新規テンプレートを追加する

❶追加したいテンプレートの「追加」をクリックし、表示されるダイアログの「OK」をクリックします。

❻前の画面に戻る

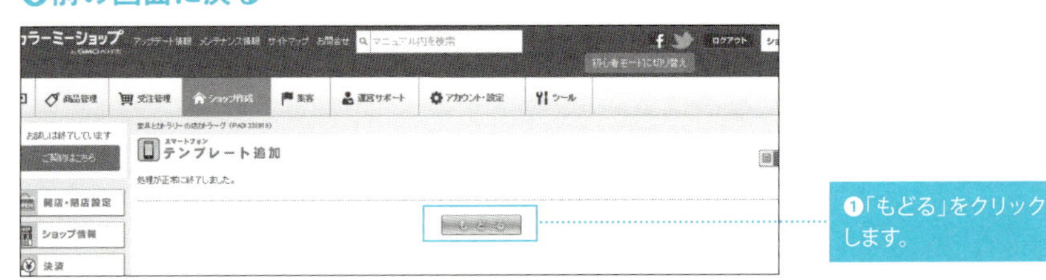

❶「もどる」をクリックします。

❼使用するテンプレートを選択する

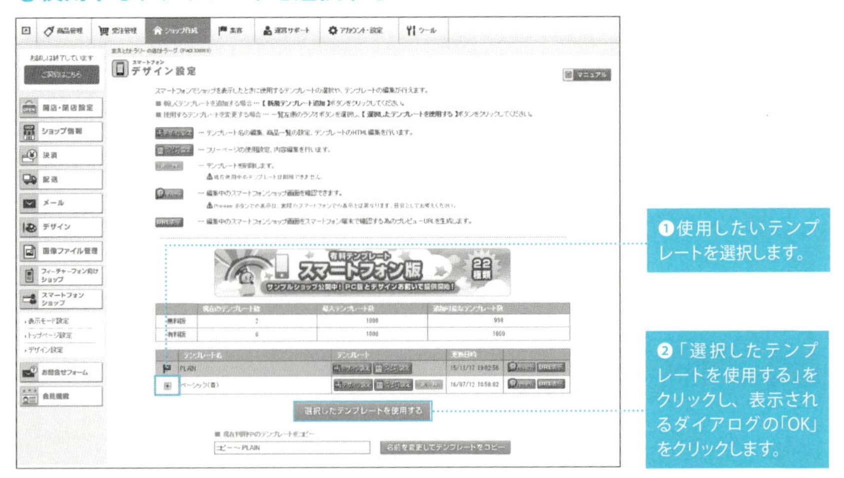

❶使用したいテンプレートを選択します。

❷「選択したテンプレートを使用する」をクリックし、表示されるダイアログの「OK」をクリックします。

❽適用されるテンプレートが変わったことを確認する

❶選択したテンプレートに🏴マークが付いたことを確認します。

TECHNIQUE

スマホでかんたんに表示を確認する方法

「Preview」をクリックすると、スマホ用の画面が表示されますが、あくまでもスマホ用画面をPCで表示したものなので、実際にスマホで表示されるものとは異なります。「URL表示」をクリックすると、その日だけ有効な、ほかの端末で表示するための「プレビュー用URL」が表示されます。「このURLをメールで送る」をクリックすると、メールソフトが自動的に起動するので、スマホに転送します。スマホに届いたメール本文に貼り付けられたURLをクリックすれば、スマホ最適化されたショップ画面を見ることができます。

❾スマホでどのように表示されるか確認する

❶スマホでショップページを表示し、スマホ用テンプレートで表示されるか確認する。

PART 4

レビュー機能を利用しよう

レビュー機能を使って集客に結び付ける

ネットショップで商品を購入する際、あなたは何を参考にするでしょうか。

２０１４年の総務省「ＩＣＴの進化がもたらす社会へのインパクトに関する調査研究」によると、「商品購入時に参考にする情報は何か」という質問に対し、「購入サイト・レビューサイトの口コミ」と回答した人がもっとも多く、45・6％にのぼりました。

商品を実際に手に取ってみることができないネットショップでは、口コミという第三者の意見が重要な購買動機につながることがうかがえます。

また、野村総合研究所の調査（２０１５年7月〜8月）によると、「インターネットで商品を買う場合も、実物を店舗で確認するか」という質問に対し、37・1％が「実際の店舗に行かずに、インターネットだけで商品を買うことがある」と答えています。２０１２年の同じ調査では27・5％だったので、3年で10ポイント近くも上昇したことになります。こうした人たちが、レビューを参考にしていることも十分に考えられます。

自分に置き換えて考えてみてください。ある商品を買うときに、商品の価格や条件が同じ場合、レビューがついていないショップと、ついているショップだったら、後者で購入しませんか。ショップ側がどんなにアピールしても、やはり第三者の評価にはかないません。そのためにも、購入者のレビューはネットショップにはあったほうがいいといえます。

また、レビューがあると、その店に客がいる証しにもなります。人気（ひとけ）のないショップでは、お客様も買い物がしづらくなります。そういった点でもレビューは大切になります。

カラーミーショップでは、購入者がその商品のレビューを書ける機能がついていますが、設定しないと表示できません。お客様からのレビューを公開して、集客に結びつけてください。

なお、レビュー機能を使えるのは、レギュラープラン以上になります。

レビュー機能を集客の手段に

レビューの投稿画面を設置する

❶「レビュー管理」画面を開く

❶「商品管理」にカーソルを合わせます。

❷「レビュー管理」をクリックします。

❸「レビュー設定」をクリックします。

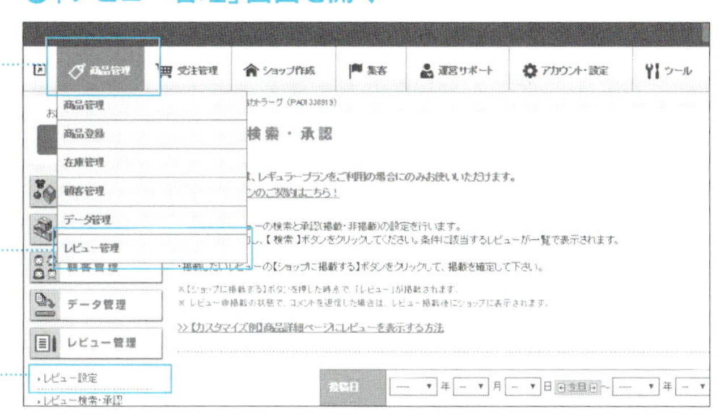

❷「レビュー設定」画面を開く

❶「使用する」を選択します。

❷レビューが投稿されたときメール通知をする場合は「使用する」、しない場合は「使用しない」を選択します。

❸レビューを投稿する人を限定するかどうかを設定します。

❹レビューを投稿してくれた人に、ポイントを付与するかどうかを設定します。付与する場合は、ポイント数を入力します。

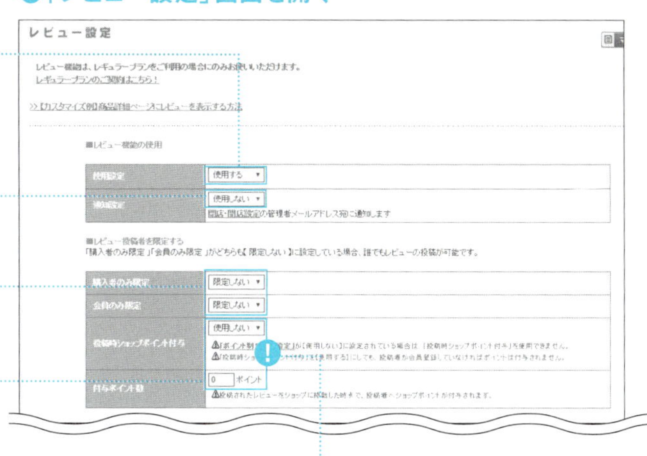

ADVICE

レビューを投稿してもらいやすくする方法

お客様に確実にレビューを書いてもらうためには、何かお得なものを用意したほうがいいでしょう。カラーミーショップ内で使えるポイントを付与することで、レビューを書く動機づけのひとつになります。

❺レビュー投稿者に入力してもらう項目を設定します。

❻「更新」をクリックします。

ADVICE

必須項目とは何か？

「必須項目」を選択すると、レビュー投稿時に入力必須の項目として表示されます。ただし、必須項目が多すぎると、投稿者も面倒に感じてしまいます。投稿者の気持ちになって設定しましょう。

ADVICE

レビュー投稿者に星の数で評価してもらう

レビュー投稿者に商品の評価を星の数で行ってもらうことができます。多くのネットショップや通販サイトでは、評価を付ける際の星の数は5個が相場になっていますが、カラーミーショップでは、星の数を最大で10個まで設定することができます（もちろん7個や8個という設定も可能です）。

TECHNIQUE

バーコードを使う場合はタグをHTMLに貼る

フィーチャーフォン向けショップのページに誘導するためのバーコードを使うときは、タグをHTMLに貼り付けます。

❸設定が反映されていることを確認する

❶ショップの商品ページを開きます。

❷レビュー投稿へのリンクが作成されたことを確認します。

レビューを商品ページに掲載する

❶「レビュー管理」画面を開く

❶「商品管理」にカーソルを合わせます。

❷「レビュー管理」をクリックします。

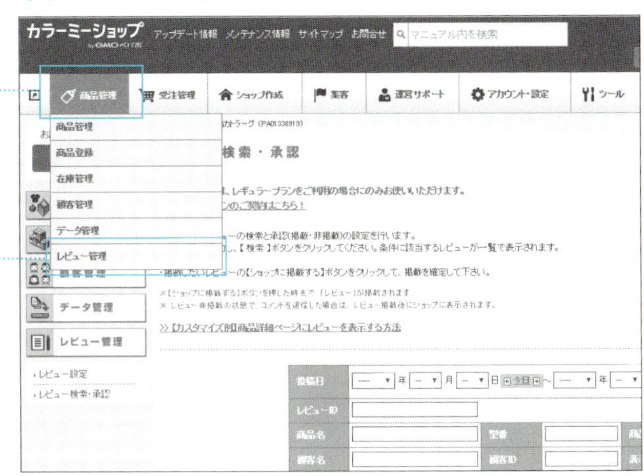

❷「レビュー検索・承認」画面を開く

❶検索したいレビューの条件を設定します。

❷「検索」をクリックします。

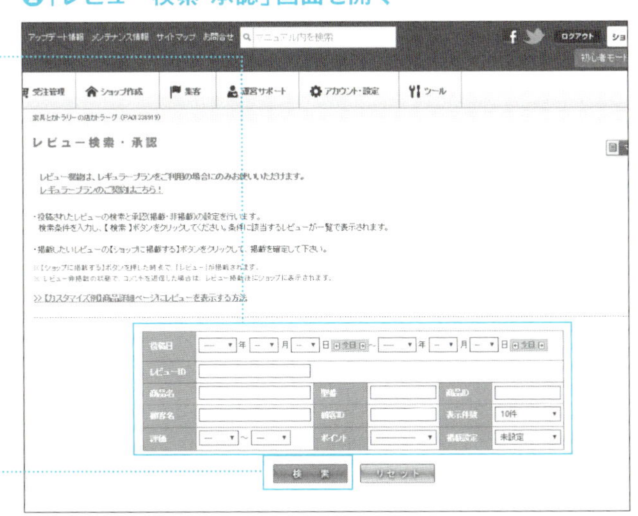

TECHNIQUE

すべてのレビューを検索する方法

何も設定しなければ、すべてのレビューを検索することができます。

❸レビューが表示される

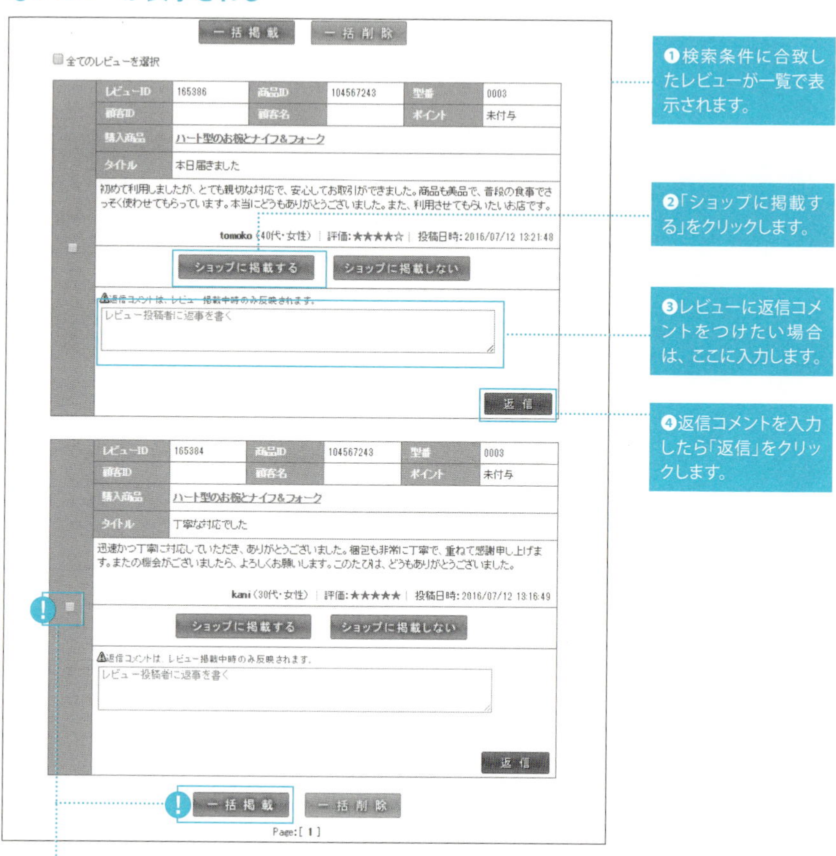

TECHNIQUE

レビューをまとめて掲載するには？ 削除するには？

レビューの数が増えてくると、ひとつずつ「ショップに掲載する」をクリックしていては手間がかかります。レビューを一括で掲載するには、まず各レビューの横にあるチェックボックスをクリックして、チェックを入れます。その後、画面下部にある「一括掲載」をクリックすればOKです。

ただし、返信コメントはレビューごとに「返信」をクリックしなければならないので、返信コメントを掲載したい場合は注意しましょう。

なお、レビューを削除することもできます。レビューを削除したい場合は、一括掲載と同様にチェックボックスにチェックを入れ、画面下部の「一括削除」をクリックしてください。

❹レビューを掲載した商品ページを開く

❶レビューを掲載した商品ページを開きます。

❷「レビューを見る」をクリックします。

❺レビューを確認する

❶レビューが掲載されていることを確認します。

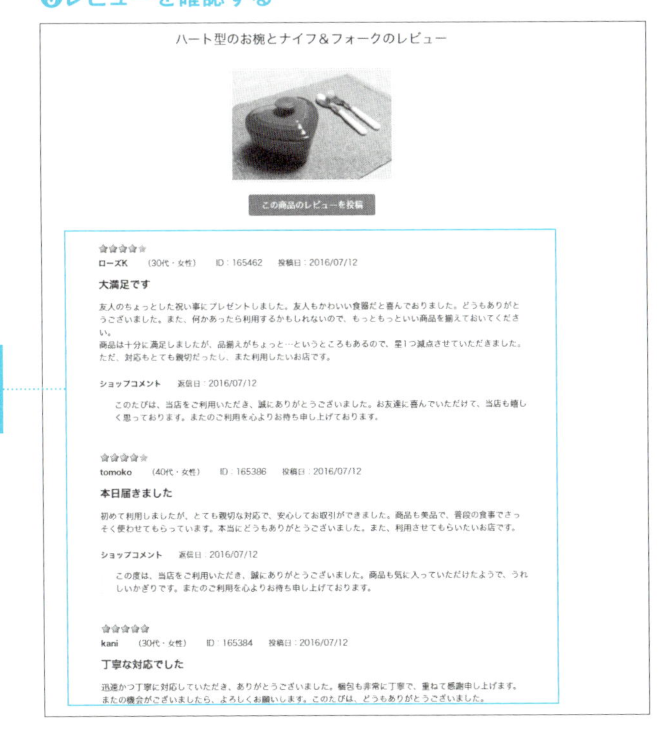

PART 4

ショップクーポンを利用しよう

クーポンを発行してお得感を出す

カラーミーショップでは、クーポンを発行する機能もあります。

クーポンは販売促進に役立つツールです。自分の身になって考えればわかると思いますが、クーポンをもらうと、通常の割引セールとは違い、お客様は特別感やお得感を感じます。

たとえば、「全品1000円OFF」というセールよりも、「1000円割引クーポン」をもらったほうが、「店から1000円もらった」と受け止めるお客様が多いのです。

クーポンコードをお客様に渡すタイミングは、いろいろな場面が考えられます。商品を購入してもらったときや商品を送るとき、フォローメールやメルマガを送るときなどがありますが、大切なのは「お客様だけに」というプレミアム感やワクワク感を与えることです。

ジャストシステムが2016年3月に行った「ファッションコマース利用動向調査」によると、ファッションアイテムの購入を迷ったときに購入の後押しになるものとして、64・0%の人が「割引クーポン」と答えています。

これはファッションアイテムに限った調査ですが、参考のひとつにはなるでしょう。

クーポンにもさまざまな種類がありますが、カラーミーショップでは「定額割引クーポン」「定率割引クーポン」「送料無料クーポン」の3種類を作成できます。「定額割引」は「500円OFF」など金額を指定するもの。「定率割引」は「10%OFF」というような割引クーポンです。

基本的には、**商品価格が安い場合は「定率割引」、商品価格が高い場合は「定額割引」にするといい**でしょう。

クーポンは利用期間を設定することもできます。無期限クーポンよりも、期限を設定したほうがいいでしょう。期限があるほうが「期限切れになる前に使わないと」というお客様の心理に働きかけることができます。

ショップクーポンを作成する

❶「ショップクーポン」画面を開く

❶「集客」にカーソルを合わせます。

❷「ショップクーポン」をクリックします。

❸「新規作成」をクリックします。

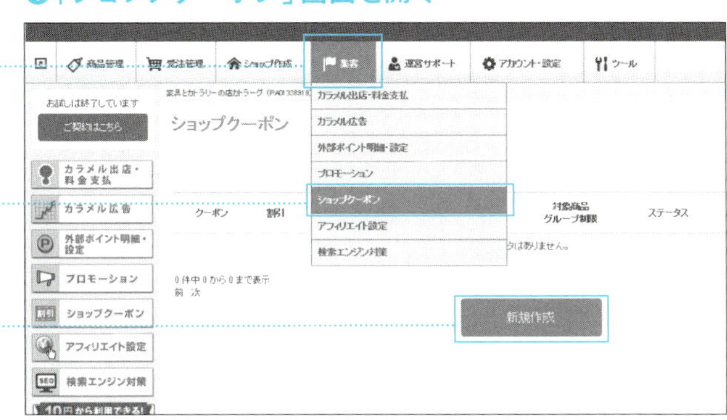

❷「ショップクーポン登録・編集」画面を開く

❶各項目を設定します。

❷「ステータス」の項目は「使用する」に設定します。

❸「保存」をクリックします。

❸作成したクーポンを確認する

❶作成したクーポンが表示されます。

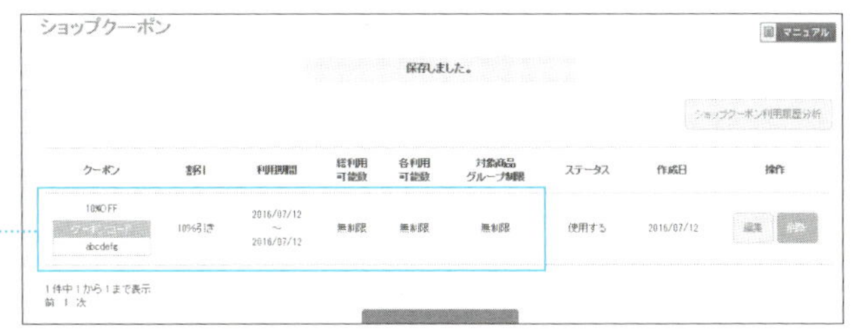

PART 4

会員専用ページでリピーターを増やす

「会員機能」を利用してライバル店に差をつける

ネットショップを運営するうえで、新しいお客様を獲得し続けることは大事ですが、一度商品を購入していただいたお客様にリピーターになっていただくことはそれ以上に重要です。ネットショップの成功は、リピーターの獲得にかかっているといっても過言ではありません。成功しているショップの多くは、いずれもリピーターが多いことからもその重要性はわかるでしょう。

一方で運営がうまくいかないショップは、「リピート率の伸び悩み」が課題になっている場合がほとんどです。

リピーターの獲得はとても難しいことですが、ショップ運営を軌道に乗せるための最も確実な近道です。

それには、価格・品質で満足できる商品を提供することはもちろん、迅速な対応・発送や、見やすいショップデザインなど、顧客満足を高める必要があります。ほかに、サービスや特典を付与することで再来店していただくように動機づけするのも効果的です。

会員特典などを提供するために、「会員専用ページ」を設定できる機能がカラーミーショップには装備されています。会員サイトを上手に利用すれば、152ページで紹介したLTVを向上させるための手段としても有効です。

具体的には、会員専用ページをつくることで、ショップへ会員登録をした顧客に対し、以下のような優遇サービスを提供することができます。

- ショップ会員限定の商品販売
- ショップ会員限定の割引価格で販売
- 会員専用ショップの運営

こうした優遇サービスを行うメリットは顧客の囲い込みとともに、顧客満足度向上、リピーター獲得が期待できる点にあります。この機能を使って、会員になっていただいたお客様にお得感や優越感をもっていただければ、より長くお付き合いいただける可能性が高まります。

会員専用ページを使って、効果的にリピーターを増やしましょう。

PART 1 PART 2 PART 3 PART 4 PART 5

会員専用ページを表示する

通常のトップページ

会員ではない場合、ショップページを開くと、価格は通常のまま表示されます。

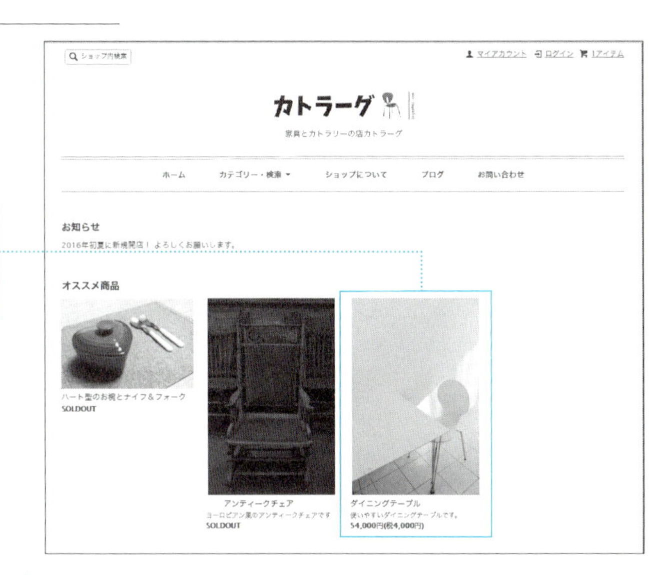

会員専用のトップページ

ショップ会員になったお客様がログインしてショップページを開くと、会員価格と、通常価格からの割引率が表示されます。

会員専用ページを設定する

❶「会員機能」をクリックする

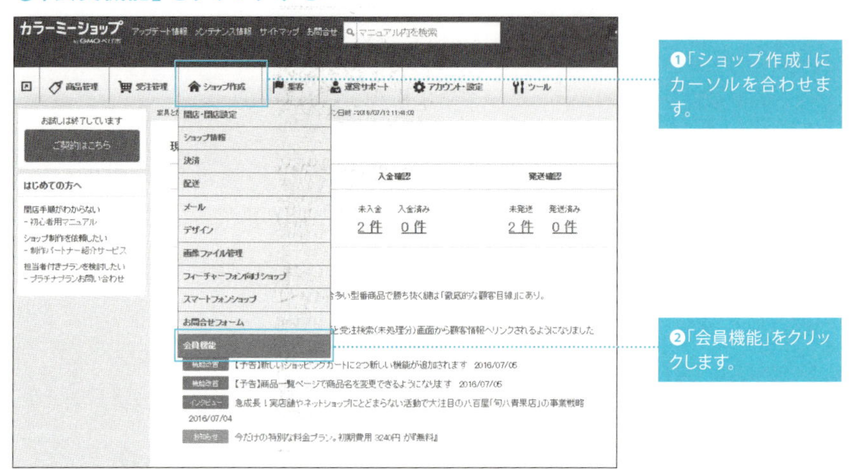

❶「ショップ作成」にカーソルを合わせます。

❷「会員機能」をクリックします。

❷「会員専用ページ設定」を行う

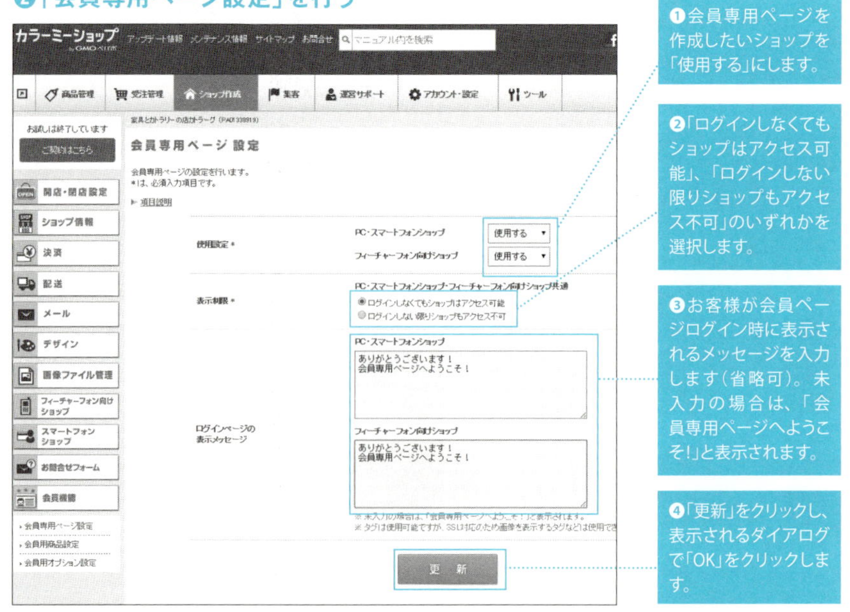

❶会員専用ページを作成したいショップを「使用する」にします。

❷「ログインしなくてもショップはアクセス可能」、「ログインしない限りショップもアクセス不可」のいずれかを選択します。

❸お客様が会員ページログイン時に表示されるメッセージを入力します(省略可)。未入力の場合は、「会員専用ページへようこそ!」と表示されます。

❹「更新」をクリックし、表示されるダイアログで「OK」をクリックします。

会員特別価格を設定する

❶「会員用商品設定」をクリックする

❶「会員専用ページ設定」画面を開く。

❷「会員用商品設定」をクリックします。

❷「会員用特別価格」を設定する商品を検索する

❶会員用特別価格を設定する商品を検索します。特定の商品がある場合は、検索条件を入力します（省略可）。

❷「検索」をクリックします。

❸会員用の価格を設定する

会員用商品設定

会員専用ページでの商品の掲載設定、及び会員価格の一括設定・更新が行えます。
一括設定・更新を行いたい商品を検索して、内容を入力し【更新】ボタンをクリックしてください。

更新したい商品の検索

カテゴリー

商品ID　型番　表示件数 10件

表示項目 商品の画像

検索

検索した商品の情報に一括設定・更新

検索した商品に対して、掲載の設定や、会員価格の設定・更新を行います。

※ 掲載設定について
する … 全てのお客様に商品を表示し、購入可能とします。
しない … 全てのお客様に商品を表示しません。
会員掲載 … ショップ会員がショップにログインしている時のみ商品を表示・購入する事が可能です。
会員購入 … 全てのお客様に商品を表示しますが、購入はショップ会員がショップにログインしている時のみとなります。

掲載設定 ※

会員価格　販売価格の　% 引きの価格　一括入力
　販売価格の　円 引きの価格　一括入力

■全3件・・・1ページ中 1ページ目を表示しています(10件表示)
Page:[1]

商品ID / 型番	商品名	掲載設定 ※ 販売価格	会員価格
104099314 / 00001	アンティークチェア	◉する ○しない ○会員掲載 ○会員購入 50,000 円	45000 円
104320547 / 00002	ダイニングテーブル	◉する ○しない ○会員掲載 ○会員購入 50,000 円	45000 円
104567243 / 0003	ハート型のお皿とナイフ&フォーク	◉する ○しない ○会員掲載 ○会員購入 1,000 円	1000 円

Page:[1]

一括更新

❶検索結果が表示されます。

❷「掲載設定」をクリックし、項目を選択します。各項目の説明は下のADVICEを参照してください(省略可)。

❸検索結果に表示された商品の会員価格を同一の割引率で一括で設定したい場合は、上段に割引率を半角数字で入力し、「一括入力」をクリックします。検索結果に表示された商品の会員価格を同一割引額で一括で設定したい場合は、下段に割引額を半角数字で記入し、「一括入力」をクリックします(省略可)。

❹手順❷、❸を省略して、商品ごとに掲載設定、会員価格を設定することも可能です。各商品の掲載設定を選択し、会員価格を半角数字で入力します。

❺「一括更新」をクリックし、表示されるダイアログで「OK」をクリックします。

ADVICE

「掲載設定」の4つの設定の違い

掲載設定には、以下の4つの設定が用意されており、それぞれ閲覧と購入できるお客様が変わります。会員専用ページでは③、④のどちらかの設定を使うことになります。

① 掲載する
閲覧→すべてのお客様が可
購入→すべてのお客様が可

② 掲載しない
閲覧→すべてのお客様が不可
購入→すべてのお客様が不可

③会員のみ掲載する
閲覧→ショップ会員のみ可(要ログイン)
購入→ショップ会員のみ可(要ログイン)

④会員のみ購入可能
閲覧→すべてのお客様が可
購入→ショップ会員のみ可(要ログイン)

スマートフォンの会員専用ページ

❶トップページを表示する

❶「ログイン」をタップします。

❷ログインする

❶「メールアドレス」と「パスワード」を入力します。

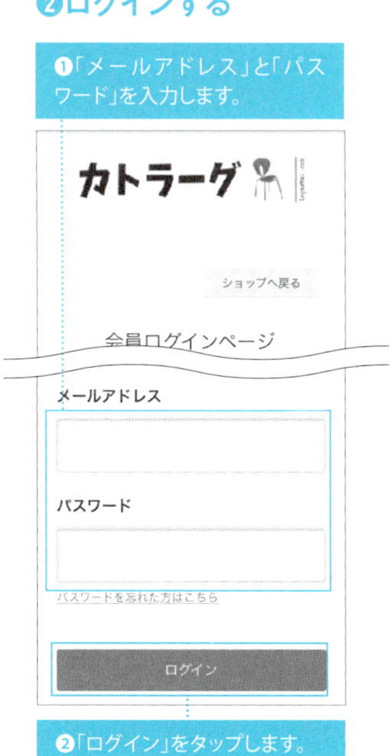

❷「ログイン」をタップします。

❸会員専用ページを表示する

❶会員価格が表示されることを確認します。

❷商品をタップします。

❹商品ページを表示する

❶ここにも会員価格が表示されることを確認します。

PART 4

名入れ機能を活用する

商品への文字入れサービスで他店と差別化を図る

カラーミーショップには、お客様が商品に好きな文字を入れて注文できる「名入れ」というサービスがあります。商品ページごとに、テキスト入力フォームを設置することができるようになっています。とくに、ハンドメイドやオリジナル商品を扱うショップであれば、名入れ機能はお客様に非常に強い訴求力をもちます。

お客様が指定できる文字は、名前やイニシャルだけではありません。日付やメッセージなども入力可能です。お客様が好きな文字を入れて注文できるということは、お客様の要望に応じたオリジナルの商品をカスタムできるということです。お客様の顧客満足度を上げられるサービスといえるでしょう。

ただし、商品によっては、あまりに文字が多いと名入れができないこともあるので、そういう場合は最大文字数を決めるなどしておくといいでしょう。

記念日や人生の節目、特別なプレゼントなど、名入れを希望するお客様は意外と多くいます。名入れを取り入れられる商品を扱うのであれば、ぜひこの機能を使ってください。

ただし、名入れを希望するお客様は、その商品に対して特別な思いをもって注文してきます。したがって、名入れが雑だったり、指定された文言を間違えたりしたら、重大なクレームとなります。そうしたミスは、ショップの信用にもかかわる致命的なものなので、名入れを行う場合は、いつも以上に慎重にならなければいけません。自分で名入れをできない場合は外注することになりますが、信頼できる外注先を根気強く探すことも大切です。

カラーミーショップで名入れ機能を設置するのはかんたんです。ほんのひと手間で設置が完了するので、名入れができる商品を扱うのであれば、設置しておくことをオススメします。

なお、名入れ機能を設置できるのは、レギュラープラン以上となります。

名入れ機能を追加する

❶「商品管理」をクリックする

❶「商品管理」にカーソルを合わせます。

❷「商品管理」をクリックします。

❷名入れ機能を使いたい商品の「修正」をクリックする

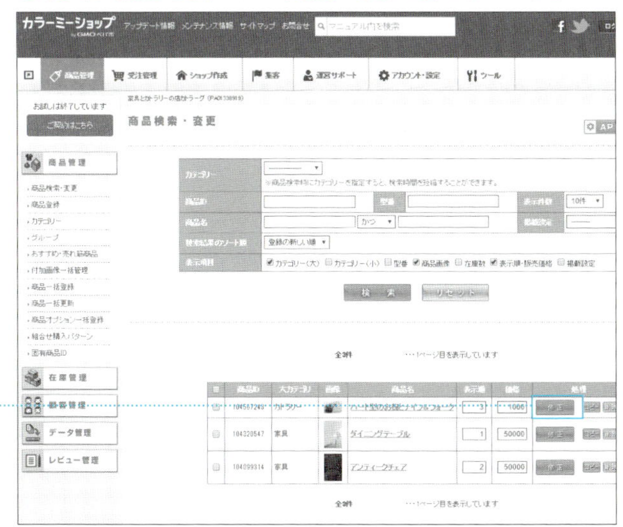

❶名入れ機能を追加したい商品の「修正」をクリックします。

❸名入れ設定をクリックする

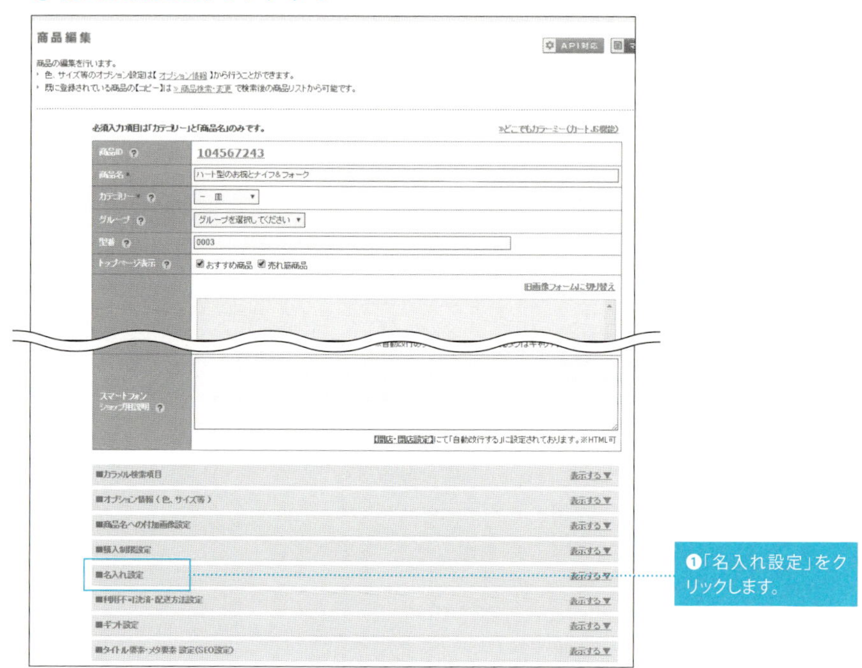

❹名入れ設定を利用する

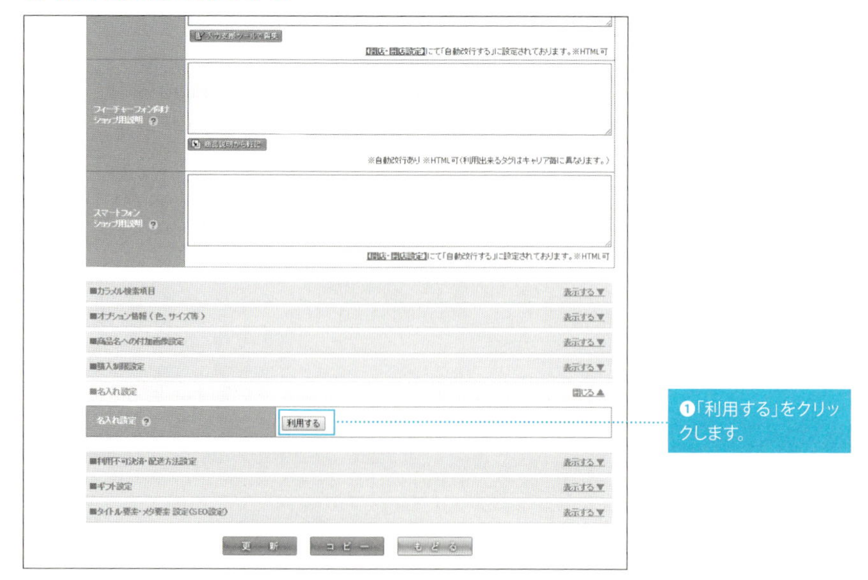

❺ショップに表示する文面を入力する

❶ショップに表示する文面を入力します。

❷「更新」をクリックします。

❻ショップページを確認する

❶商品ページを表示します。

❷設定した名入れの文面が表示されていることを確認します。

PART 4

お問合せフォームを設定する

お客様の不安を軽減できるとても重要なツール

ネットショップでは、お客様は商品の実物を確認できません。商品紹介ページにその商品の詳細を記載して、不安の軽減に努めることはもちろんですが、それだけでお客様の不安を払拭できるとはかぎりません。とくに初めて購入していただくお客様は商品だけでなく、ショップの信用性にも不安をもっています。

そのようなお客様とのコミュニケーションツールとして役立つのが「お問合せフォーム」です。

カラーミーショップでは、「ショップへのお問合せフォーム」と「商品へのお問合せフォーム」が使えますが、それぞれのフォームに表示するメッセージを変更できます。

具体的には、「ショップ作成」↓「お問合わせフォーム設定」で表示される設定項目を変更することで、それぞれのメッセージを自由に変更できます。

「メールアドレス入力確認用フォームの設定」は初期設定では「使用しない」になっていますが、「使用する」にすると、お問合せフォームに表示されるメールアドレス入力フォームの下に、入力ミス防止用の確認用メールアドレス入力フォームが表示されるようになります。

お客様からのお問い合わせメールが届いたときにお客様にその内容の確認メールを送信することも可能です。

この設定は、「ショップをつくる」↓「メールの設定をする」↓「問合せ確認（自動送信）」の新規設定をクリックします。タイトル、ヘッダ、フッタを入力して、「メール送信」を「送信する」に変更し、「更新」をクリックすると、確認のアラートが表示されるので、【OK】ボタンをクリックすれば完了です。

お問合せフォームは買い物をされるお客様の不安軽減に役立つだけでなく、お叱りやお褒めの言葉をダイレクトに受け取れるツールです。忌憚のない意見は、より良いショップにするためのヒントがたくさん詰まっているので有効活用したいものです。

PART 1
PART 2
PART 3
PART 4
PART 5

お問合せフォームの設定方法

❶お問合せフォームを設定する

❶管理者画面のメニューから「ショップ作成」→「お問合せフォーム設定」をクリックし、右の画面を開きます。

❷「ショップへのお問合せ用表示メッセージ設定」「商品へのお問合せメッセージ設定」のそれぞれにテキストを入力します。

❸メールアドレスの誤入力防止のための「メールアドレス入力確認用フォーム」を使用するときは「使用する」を選択します。

❹「更新」をクリックします。

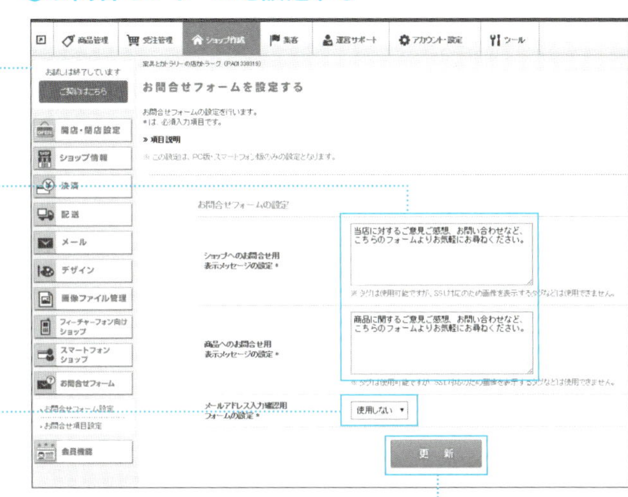

お問い合わせ画面

❺手順❷で入力したテキストは、ここに表示されます。

❻手順❸で「使用する」にすると、確認用のメールアドレス入力欄が表示されるようになります。

ショップへ戻る

お問い合わせ

当店に対するご意見ご感想、お問い合わせなど、こちらのフォームよりお気軽にお尋ねください。

お名前（必須）

メールアドレス（必須）

お問い合わせタイトル（必須）

お問い合わせ内容（必須）

送信

PART 4

独自ドメインを取得する

無料でかんたんに独自ドメインを取得できる

カラーミーショップでは、初期登録時にショップURL（http://○○○.shop-pro.jp/）が付与されますが、自分の好きなURLに変更することも可能です。

そのためには「ドメイン」を取得しなければいけません。

ドメインとは世界中でひとつしかないインターネットの住所のようなもので、ドメイン登録機関に登録することで利用できます。「ドメインを登録機関に登録する」と聞くと、難しく感じるかもしれませんが、カラーミーショップを使えば、かんたんに、しかも無料で自分の好みの独自ドメインを取得し、そのURLでショップ運営を行えます。なお、ドメインの末尾は「.com」「.net」から選べますが、どちらがいいというものではありません。好みのほうを選択しましょう。

覚えやすいURLにすれば、ショップ名と商品がイメージしやすくなるだけでなく、**お客様から見ても、初期設定のURLよりも信頼性が高く見えるというメリット**があります。

独自ドメインを取得したあとも、カラーミーショップの初期登録時に設定されたショップURLはサブドメインとして稼働しています。「転送設定」を行うことで初期登録時のURLにアクセスがあった場合でも、新たに設定した独自ドメインを表示させることができます。

ただし、独自ドメインを取得後、情報が更新されるまでに約1時間かかります。このときにサブドメイン（初期設定時のURL）から独自ドメインに転送するように設定すると、情報が更新されるまで、ショップページが一時的に閲覧不能になるので注意しましょう。

なお、独自ドメインの設定解除の作業はウェブサイトからはできません。設定解除はペパボのスタッフが行うため、管理者ページのお問い合わせフォームから依頼する必要があります。ドメインの変更はお客様を混乱させるので、のちのち解除依頼をすることがないよう慎重にドメイン名を決めましょう。

独自ドメインを設定する

❶カラーミーショップにログインする

❶「アカウント・設定」にカーソルを合わせます。

❷「ドメイン」をクリックします。

❷好みの「ショップドメイン」を入力する

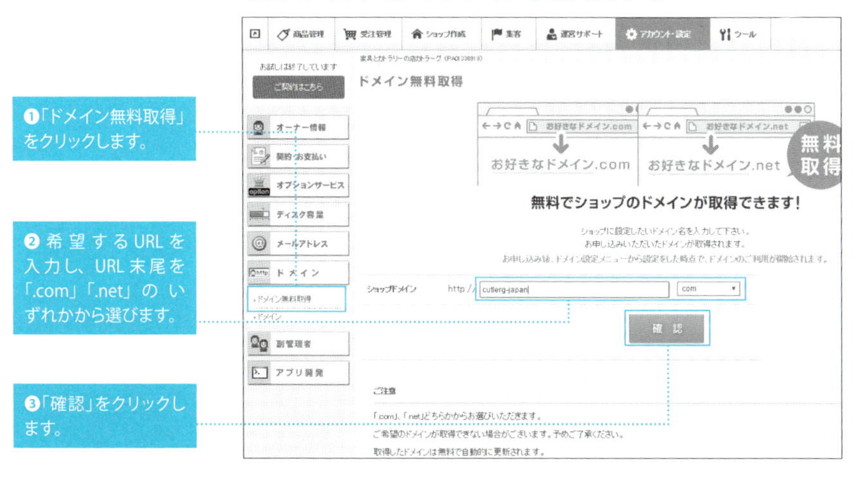

❶「ドメイン無料取得」をクリックします。

❷希望するURLを入力し、URL末尾を「.com」「.net」のいずれかから選びます。

❸「確認」をクリックします。

❸独自ドメインを申し込む

❹再度確認する

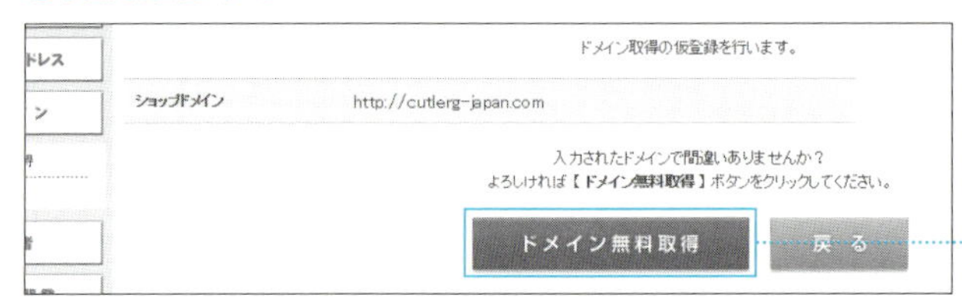

❺カラーミーショップのショップドメインとして設定する

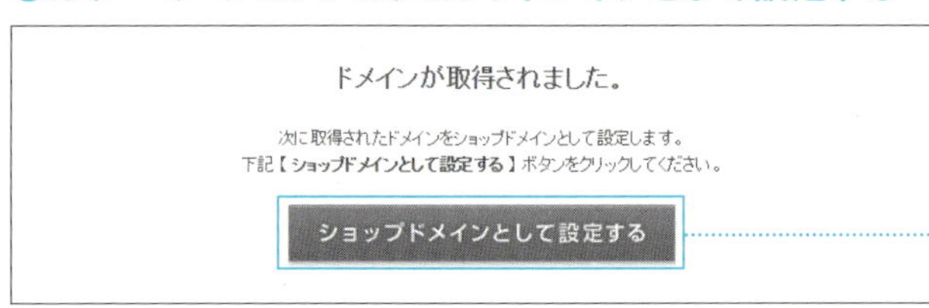

❻設定を完了する

ADVICE

ドメインが使われている場合は申し込めない

ショップドメインを入力して「確認」をクリックしても、そのドメインが使われている場合は「お申込み」ボタンは表示されません。

❶好みのURLの「お申込み」をクリックします。

❶ショップドメインを確認し、「ドメイン無料取得」をクリックします。

❶「ショップドメインとして設定する」をクリックします。

ADVICE

取得したドメインはいつまで使えるの？

他業者で独自ドメインを取得すると月額使用料がかかる場合が少なくありません。カラーミーショップで取得した独自ドメインは、カラーミーショップと契約していれば、無料で使い続けられます。ただしカラーミーショップでしか使うことができません。

❶「送信」をクリックします。

❼設定の完了を確認する

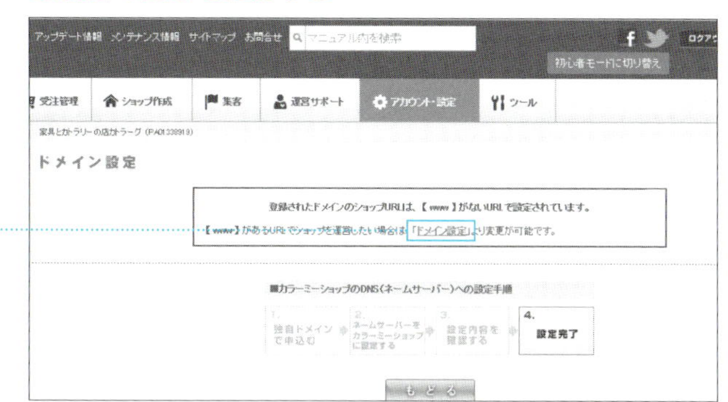

❶「ドメイン設定」をクリックします。

❽「ドメイン設定」を行う

❶ドメインに「www.」を入れるかどうかを設定します。

❷手順❶の「www.」の設定とは逆のURLにアクセスがあった場合に、設定したURLに自動遷移させるかどうかを選択します。

❸カラーミーショップの初期設定URLにアクセスがあった場合、独自ドメインに転送するかどうかを選択します。

❹「更新」をクリックし、表示されるダイアログの「ＯＫ」をクリックします。

ADVICE

「www.」の「あり」と「なし」の違いは?

かつては、ホームページURLに「www.」があるのは一般的でしたが、現在は「なし」も増えています。両者に優劣はありません。好きなほうを選びましょう。

好きなものに時間を費やし自分らしい生活を目指す「Zakka MiniMini」（東京）

ショップオーナー **上山美鶴子さん**

儲けるがことが目標ではなく「自分らしい生活」をいちばん大切に

――どんなお店ですか。

フランスを中心とした海外輸入雑貨のネットショップです。フレンチガーリーをテーマにしたセレクトを展開しています。

――もともと雑貨が好きだったのですか。

はい！　一番はじめにハマったのはアメリカ雑貨です。あるとき、SNSでフランスが大好きな雑貨作家さんと知り合い、「一緒にフランスに行きませんか」と勢いでメッセージを送って本当に行くことになって以降、フランス雑貨の虜（とりこ）です。

自宅の一部屋を商品倉庫兼作業部屋に。商品は、おしゃれな棚で整理整頓されている。

――では、ネットショップを始めたきっかけは？

古いMINIのバンに惚れ込み、移動販売を始めたのがきっかけです。ネットショップもほぼ同時に立ち上げました。ただ当時は機能不足のためにお客様にご迷惑をかけることが多かったんです。そこでいろいろ調べていくうちに、自由にカスタマイズできるカラーミーショップに出会いました。自分だけのデザインができるのは最大の魅力です。最初は思い通りにカスタマイズできませんでしたが、少しずつHTMLなどの知識を蓄えていきました。

外注するのもひとつの方法ですが、ショップを長く続けるには、ある程度、ウェブページの構造を理解することも大切だと思います。

――今後はどうしたいですか。

大きい会社にしようと夢を膨らませたときもありましたが、全速力で走り続けると疲れてしまいます。私の目標はそこじゃないなぁと。好きなものに費やす時間と働く時間のバランスを上手にとって、自分らしい生活を続けることを目指しています。

上山さんのネットショップ

フランス雑貨 Zakka MiniMini

URL: http://zakka-minimini.com/

自分のショップをプロモーションしよう

ネットショップを開店したあとは、
ショップを多くの人に知ってもらう必要があります。
この章では、"売れる"ショップにするために
もっとも重要なプロセスを紹介していきます。

PART 5

ショップを知ってもらう方法はいろいろある

ショップの告知方法にはいろいろな種類がある

ネットショップをつくっても誰にも存在を知られなければ、いつまでたっても商品は売れません。そのためには、自分のショップを広告・宣伝して、その存在を世間に知ってもらう活動をする必要があります。

たとえば、実店舗ではオープンするときにチラシを配ったり、新聞広告を出したりして、近所の人たちに開店したことを知らせます。それでは、ネットショップにはどのような告知方法があるのでしょうか。

さまざまな告知のしかたがありますが有料のものだけでなく、お金をかけずにできることもあります。

たとえば、フェイスブックやインスタグラム、ツイッターといったSNSです。これらは無料でできますし、今や全世界の人が、これらのSNSを利用しているので、上手に使えばこれ以上ない告知になります。実際に売り上げを伸ばしているショップはSNSを上手に使っています。

また、従来からあるブログやメルマガも有効な手段のひとつです。ブログからお客様をショップに誘導したり、購入してくれたお客様に対してお得情報を掲載したメルマガを配信して、リピーターになっていただくといった使い方ができます。

有料の広告の代表的なものとしては、「アフィリエイト」があります。これは商品やショップをブログやメルマガなどで紹介してもらう代わりに広告料を支払う「成功報酬型広告」です。ASPといわれる代理店に登録し、アフィリエイターと呼ばれるホームページやブログ運営者にショップへのリンクや商品へのリンクを貼ってもらいます。そのリンクからショップにお客様が誘導されて商品が売れたらその代金の数%を支払うといったルールを決め、それに基づいて報酬を支払います。

自分のショップを知ってもらうためにこれらを有効に活用しましょう。

ネットショップを告知するおもな方法

KEYWORD

ASP

ASP（アフィリエイト・サービス・プロバイダ、Affiliate Service Provider）とは、成果報酬型のアフィリエイト広告を配信する事業者のこと。広告主から委託を受けて契約するウェブサイトなどに広告を配信し、閲覧実績やクリック回数、購入実績などの成果に応じてサイトに報酬を支払う。主なASPには、「バリューコマース」「アクセストレード」などがある。

PART 5

SNSの上手な活用がショップ成功のカギ！

無料で活用できる優秀なツール

SNSは、ソーシャル・ネットワーキング・サービス（Social Networking Service）の略で、インターネット上の交流を通して社会的ネットワークを構築するサービスのこと。代表的なものには、世界最大のSNS「フェイスブック」や、スマートフォンでかんたんに写真を掲載することができる「インスタグラム」、140字以内という限られた文字で短文を投稿する「ツイッター」などがあります。

みなさんも、ここに挙げたいずれかを利用しているのではないでしょうか。

これらはいずれも無料で利用ができるので、お金をかけられない人でもかんたんに使えるのがメリットです。

少し古い調査（2014年6月25日〜7月3日実施）ですが、カラーミーショップがショップオーナー向けに行ったアンケートで「ショップの集客のために利用しているツールを教えてください」と質問したところ、フェイスブックは23%、ツイッターは20%という結果でした。現在は、さらにSNSの重要性が増していることは間違いありません。

カラーミーショップとSNSを連携させることは、SEOにとっても効果的といわれています。つまり、SNSと連携させることで、より検索結果の上位に表示されやすくなるということです。

その意味でも、特に利用人口が多い、フェイスブックやインスタグラム、ツイッターは重要ですので、こうしたSNSはなるべく利用するのが得策です。

商品ページなどにフェイスブックやツイッターの「いいね！」ボタンを設置することもメリットです。

それを見たショップ訪問者がボタンを押すだけで、かんたんに投稿が可能になるため、その記事が拡散される可能性が高いのです。

こうした地道な積み重ねがショップの存在をより多くの人に知ってもらうことにつながります。なお、216ページでは、フェイスブックでのショップページのつくり方について説明しています。

主なSNSとその特徴とは?

サービス名	Facebook	Instagram	Twitter
URL	https://ja-jp.facebook.com/	https://www.instagram.com/	https://twitter.com/
特徴	実名制で登録するSNS。世界で最もアクティブユーザー(実際に使っている人)が多い。実名制のため、実際の友だち同士でつながるのが多いのが特徴。ただし10代~20代はほかのSNSを使わない傾向が高まっている。	スマホのカメラで撮影した写真を、その場で加工してかんたんに投稿できるSNS。投稿にはスマホ用アプリが必要だが、PCからも閲覧はできる。とくに若い女性に人気がある。	140字以内で投稿するSNS。リアルな友人関係だけではなく、好きな芸能人やコミュニティーなどの『興味・関心』でつながるのが特徴。同社のCEOが、将来的に文字数制限の拡大を検討していることを表明した。
アカウント開設費用	無料	無料	無料
全世界登録者数	約16.5億人(2016年4月28日現在)	5億人以上(2016年6月現在)	3.1億人(2016年3月末時点)
月間アクティブユーザー	約2,500万人(2016年4月現在)	810万人(2016年6月現在)	3,500万人(2015年12月末時点)
メインの利用者層	20代から40代の男女	20代の女性が多い	10代~20代の男女
投稿するもの	テキスト+画像・動画	画像・動画+テキスト(画像・動画メイン)	テキスト+画像・動画(テキスト140字まで)
投稿が届く範囲	「友達」、「友達の友達」	フォロワー(友達)にのみ	リツイートされると知らない人まで
「いいね!」機能	「いいね!」ボタン	「いいね!」ボタン	「お気に入り」
コメント機能	投稿にコメントができる	投稿にコメントができる	@をつけるメンションで会話可能
シェア機能	「シェア」ボタン	なし	リツイート

KEYWORD

リツイート

他ユーザーのツイート(投稿)を自分のタイムラインに再投稿できる機能のこと。各ツイートの下部に設置されている、矢印がふたつ重なったマークをクリックすれば、かんたんにリツイートが可能。ツイッターでは、この機能を使うことで情報を拡散させることができる。

シェア

フェイスブック上の投稿を自分の知り合いにも広めたい場合に利用する機能。「シェア」ボタンを押すことで、広めたい投稿に自分のコメントを付けて、知り合いにその投稿を送ることができる。フェイスブックではこの機構を使うことで、情報を拡散させることができる。

PART 5

独自コンテンツをつくって集客に結びつけよう

売れるショップは情報発信に積極的

カラーミーショップで成功している ショップの特徴のひとつが、高い情報発信力です。もちろん販売している商品に魅力があることは当然ですが、いくら商品に魅力があっても、その魅力をお客様に上手に伝えることができなければ、なかなか販売には結びつかないでしょう。

では、高い情報発信力とはいったいどんなものでしょうか。

カラーミーショップが毎年開催している「カラーミーショップ大賞」で表彰されるようなショップの中には、独自コンテンツを効果的に使っているところが少なくありません。

たとえば、39ページでも紹介しているパンと日用品の店「Wazawaza（わざわざ）」では、特集ページや「わざわざの日々」というコラムページを設け、日常のことや旅のこと、実用性のあるレシピなど、ついつい読みたくなるようなコンテンツを用意しています。

このようなコンテンツは、インターネットを通じてしか関わりがないお客様に、ショップのオーナーやスタッフのショップや商品に対する情熱や愛情、商品に対するこだわりなどを伝えるのに大きな役割を果たします。

ただ商品を売りたい一心のショップづくりがいけないわけではありませんが、魅力的な独自コンテンツがあると、お客様は特に買いたいものがなくても定期的にショップを訪問してくれるようになり、いつの間にかショップの大切なファンになってくれるかもしれません。

写真やテキストを交えながらの独自コンテンツづくりは、大変な手間・労力がかかります。しかし、こうした取り組みはショップのファンづくりに役立つ可能性を秘めています。

しかし、ただ独自コンテンツをつくればいいわけではありません。「独自コンテンツをつくればお客様の訪問が増えそうだ」という理由でつくった結果、その内容が退屈なものばかりでは、逆効果になりかねません。

独自コンテンツを充実させよう!

パンと日用品の店「わざわざ」(長野県)　http://waza2.com/

誰でもかんたんにつくれる実用性のあるレシピ集

ついつい作りたくなるオリジナル料理のレシピを不定期に更新。どれもかんたんで誰にでも作れるのが魅力。紹介する料理の思い出を絡めながら料理を紹介されると、つい食べたくなってしまうほど。

旅のことを綴ったエッセイ

旅行へ行ったときの気持ちを綴ったフォト・エッセイ「旅するパン屋」を不定期に更新。美しい写真と、なんとなく人柄がにじみ出ているエッセイは、これを読むためだけにショップに訪れたくなる魅力がある。こうした独自コンテンツはショップのファンづくりにつながる。

ショップブログプラスでショップのファンをつくる

ショップブログにはさまざまなメリットがある

カラーミーショップのユーザーは、有料（月額300円、税別）のブログサービス「ショップブログ プラス」を利用できます。ネットショップの魅力を伝えるために、毎日情報を発信できるこのサービスを利用しましょう。

記事を書いて投稿するだけで更新されるブログには、HTMLなどの難しい知識は必要ないので初心者でも気軽に作成できます。ブログを使うとPing送信を行うことで更新情報をブログのポータルサイトなどへ掲載できます。劇的に訪問者が増えるわけではありませんが、手間をかけずにあなたのブログ、ショップの存在を露出できる手段です。また、ブログに商品情報を掲載すると、検索エンジンの検索順位が上がりやすくなるといわれているので、SEO（検索エンジン最適化、234ページ参照）としてもブログの利用は有効です。

「ショップブログ プラス」は、写真を無制限にアップロードできるので、容量を気にせずに商品写真をアップロードして告知することができます。カラーミーショップのディスク容量とは別ですので、カラーミーショップの容量が圧迫されることはありません。

設定もかんたんです。ショップのテンプレートとイメージが近いブログテンプレートを設定すれば、デザイン面でショップとブログを一体的に運用できるようになります。

また、スマホ・携帯電話表示サポートや、数千種以上のテンプレート、各種ブログ用パーツなど充実した機能が用意されています。

ブログごとに月額300円（税別）を払えば、いくつでも増やせるので、「店長ブログ」「スタッフブログ」「最新商品情報ブログ」など内容に応じたブログの設置も可能です。

しかし、訪れる人が関心のない内容ばかりを書けば、逆効果になる場合もあります。お客様の属性などを分析し、興味をひく内容を書く工夫が必要です。

ショップブログプラスの開設はかんたん!

ショップブログプラスを利用するためにポイントを購入する

❶「ショップブログ」にアクセスする

❶「ツール」にカーソルを合わせます。

❷「ショップブログ」をクリックします。

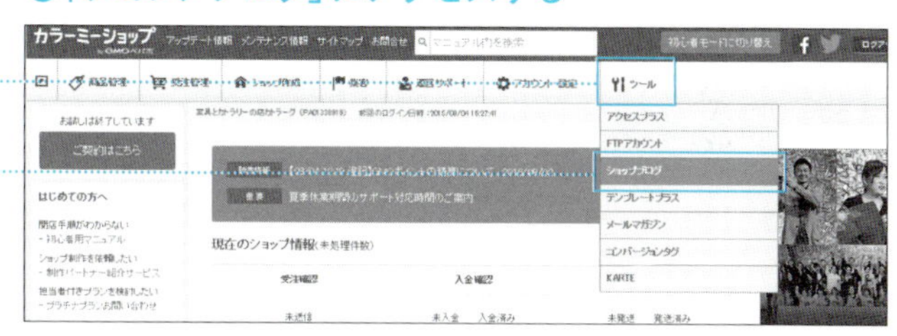

❷現在の所持ポイントを確認する

❶「ポイントの購入はこちら」をクリックします。

ADVICE

必要なポイント数を確認するには?

ショップブログプラスに最低限必要なポイント数が表示されるので、最低限このポイント数を購入します。

❸支払い方法と購入ポイントを決める

❶支払い方法を「クレジットカード」「おさいぽ!」「銀行振込」から選びます。

❷購入するポイント数を入力します。

❸「確認」をクリックします。

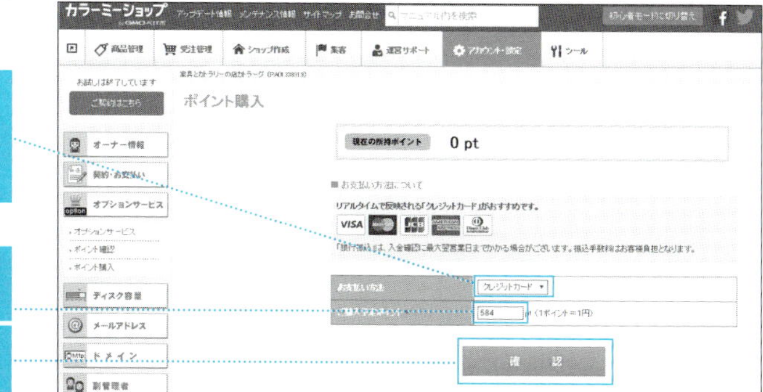

❹購入するポイントを確認する

❶購入するポイント数を確認して、「確定」をクリックします。

❺支払いの必要事項を記入する

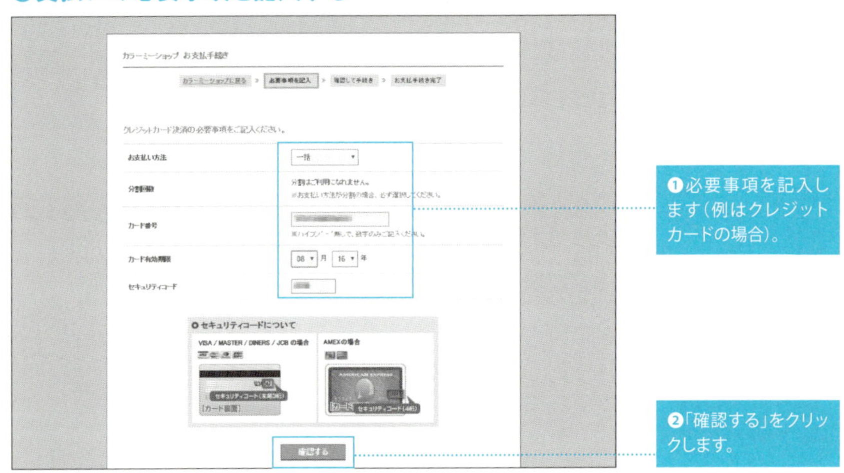

❶必要事項を記入します（例はクレジットカードの場合）。

❷「確認する」をクリックします。

❻決済する

❶内容を確認して、「決済する」をクリックします。

❼支払い手続きを完了させる

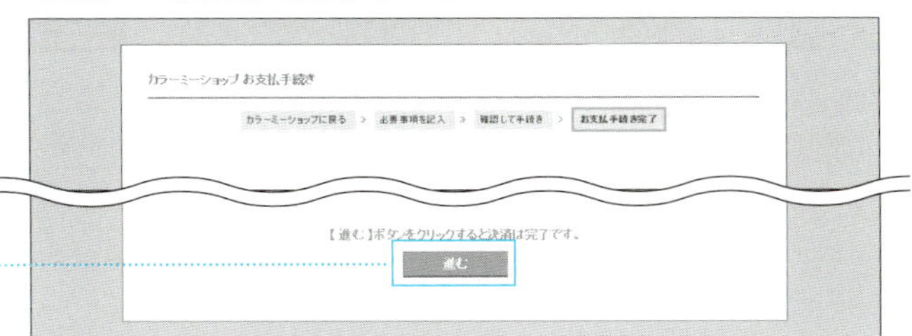

❶「進む」をクリックします。

TECHNIQUE

クレジットカードを登録する

クレジットカードを登録することができます。自動引き落とし設定を行うと、毎月の支払いが自動的に行われるので便利です。「クレジットカードを登録する」をクリックしたのち、必要事項を入力します。

❽クレジットカードを登録する

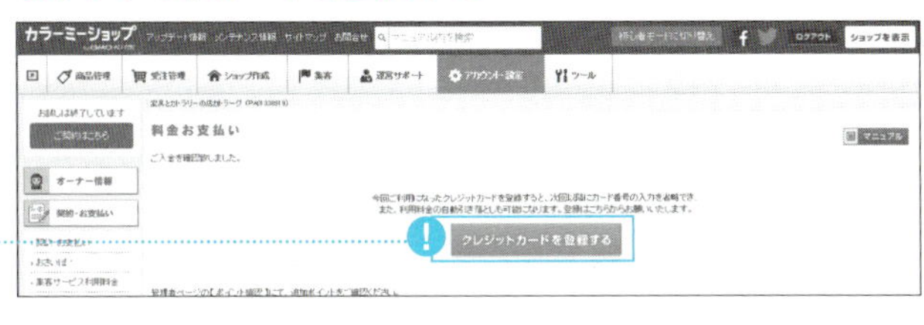

❾登録するクレジットカードの必要事項を記入する

❶「カード名義人」を記入します。

❷「この内容を保存」をクリックします。

❿登録するクレジットカードの必要事項を記入する

❶「進む」をクリックします。

⓫自動引き落としの設定を行う

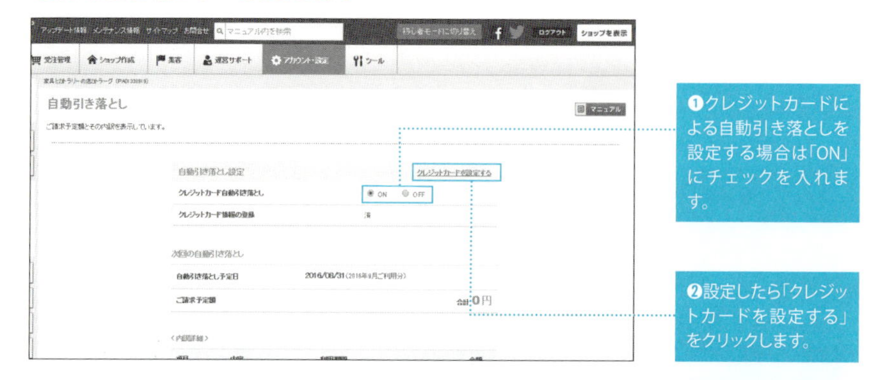

「ショップブログプラス」の新規登録を行い、記事を投稿する

❶ショップブログプラスの新規登録を行う

ADVICE

ブログサービス「JUGEM」とは?

「JUGEM（https://jugem.jp）」はGMOペパボが運営する無料のブログ作成サービスです。「ショップブログ プラス」では、「JUGEM」が提供する有料サービス「JUGEM＋(プラス)」を利用します。容量無制限(無料版は1GBまで)で画像をアップロードできるほか、「アクセス解析」機能など、無料版にはない充実した機能が用意されています。

❷ポイントの引き落としを承認する

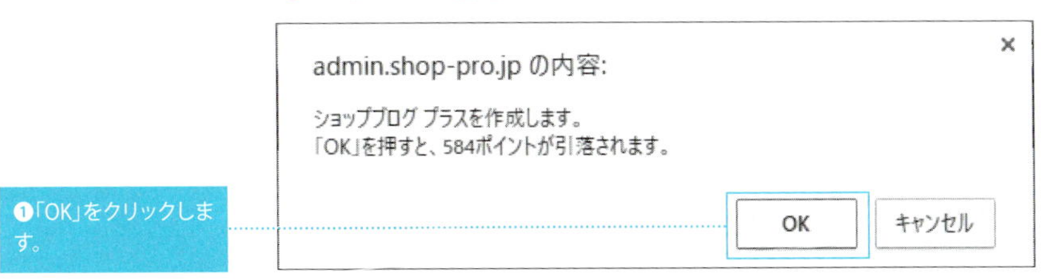

❶「OK」をクリックします。

❸「もどる」をクリックする

❶「もどる」をクリックします。

❹管理者ページのURLをクリックする

❶「管理者ページURL」をクリックします。

ADVICE

複数のブログを作成することもできる

「ショップブログ プラス」は、ポイントを支払えばいくつでも作成できます。必要であれば用途別にブログを使い分けることができるので便利です。

❺ショップブログ プラスにログインする

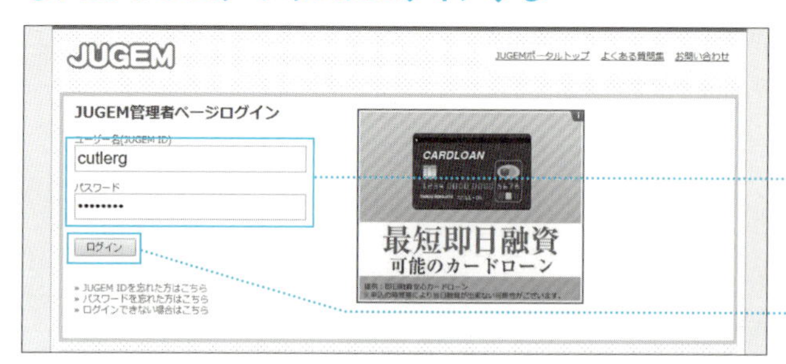

❶ 202ページ手順❶で設定した「ユーザー名」と「パスワード」を入力します。

❷「ログイン」をクリックします。

❻「管理者ページ」から記事を投稿する

❶「ブログを書く」にカーソルを合わせます。

❷「記事の投稿」をクリックします。

ADVICE

ブログは1日1回は更新しよう

ブログを始めたら1日1回は新しい記事を投稿しましょう。定期的に更新すると、SEO（234ページ）に効果的だからです。SEOの知識がなくても、地道にブログを更新すれば、検索エンジンでより上位に表示される可能性が高くなるのですから、ぜひ実践したいものです。

また、更新すると閲覧者が増える可能性が高まります。閲覧者が増えれば、ブログを続ける励みになるだけでなく、ショップを知る人が増えるので、集客ツールとして有効です。

投稿記事が増えると、記事の内容によってアクセス数が増減するなどの傾向が見えてきます。そこからお客様のニーズが見えるなどの副次的な効果も期待できます。

❼記事を書く

❶記事のタイトルを入力します。

❷投稿する内容を書き込みます。

❸「記事を投稿する」をクリックします。

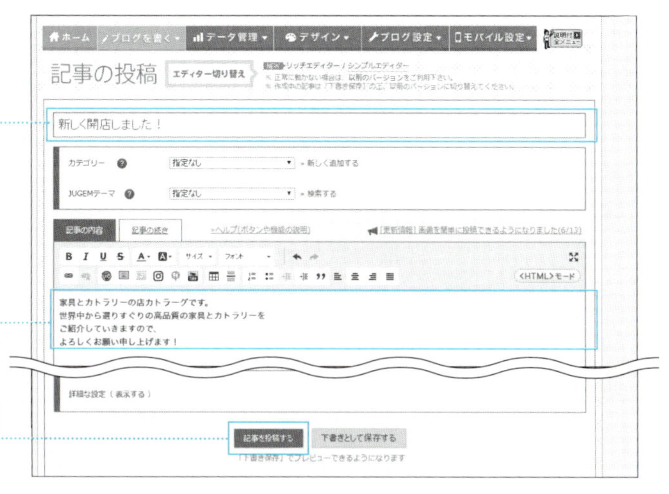

❽記事のプレビューを見る

❶「記事のプレビュー」をクリックします。

❾ショップブログ プラスが作成されたことを確認する

❶記事が投稿されたことを確認します。

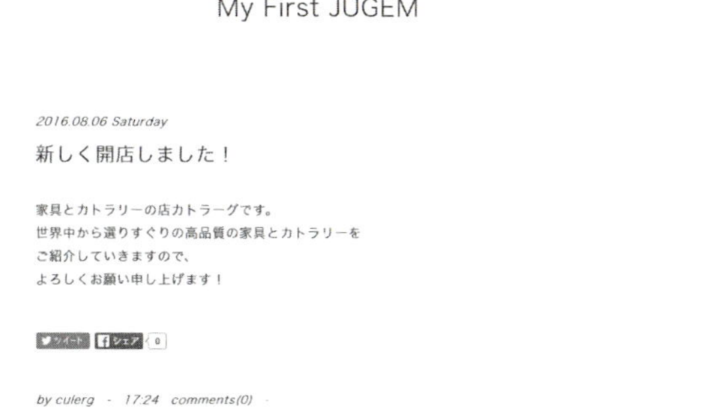

ADVICE

ブログの基本設定は管理者ページで行う

記事の編集や削除、記事の表示順の変更など、ブログの基本設定はショップブログプラスの「管理者ページ」から行えます。詳細は「管理者ページ」を見てください。

PART 5

カラメルに出店して グーグルに商品を掲載する

たった月540円で グーグルに商品を掲載できる!

カラーミーショップでは月額540円（税込）の利用料金で、グーグルショッピングに商品を掲載する「グーグルショッピング商品掲載サービス（基本プラン）」を提供しています。

このサービスを利用すると、ユーザーが商品名を検索したときにグーグルの検索結果に商品写真が表示されるほか、グーグルショッピングにも同様に商品写真が表示されます。

PC版だけでなく、スマホ版にも対応しているのでスマホ経由のお客様の増加も期待できます。

利用には以下の手順が必要です。

①カラーミーショップからの申し込み・利用料支払い↓②カラーミーショップ、グーグルでグーグルショッピング用の利用設定↓③グーグルショッピング用の商品情報を登録

これらを行うと、最短2～3日で商品情報が反映され、掲載が開始されます。グーグルに表示された商品写真をクリックすると、ペパボが運営するショッピングモールサイト「カラメル（http://calamel.jp/）」内の商品リンクに飛び、そのリンクからショップに誘導する仕組みです。

そのため、「カラメル」への出店は必須です。グーグルショッピングの利用料金（月額540円、税込）とは別にカラメルの販売手数料がかかります。商品情報はカラーミーショップからグーグルショッピングに自動送信されるので新たにつくる必要はありません。

この「グーグルショッピング商品掲載サービス（基本プラン）」とは別に、カラメルへの出店不要で、商品販売時にカラメルの販売手数料がかからない「グーグルショッピング商品掲載サービス（PROプラン）」もありますが、月額5400円（税込）の利用料金のほか、クリックされた分だけグーグルアドワーズのクリック課金がプラスされるので、ある程度の売り上げが見込めないと使うメリットはないでしょう。

Googleショッピングのメリットと仕組み

Googleショッピング商品提携サービス4つのメリット

①1日18円からの集客対策!

購入意思があるお客様の集まるGoogle ショッピングやGoogle の検索結果（商品リスト広告）より1日18円（※1）から集客できる！

②商品情報はすべて自動更新!

自分のショップ内に設定した商品情報が自動的に送信されるので、新たにGoogle ショッピング用の設定をする必要がない！

③カラーミーショップ経由なら手続きがかんたん!

通常、Google ショッピングへの登録は各種設定や手続きが必要だが、カラーミーショップ経由なら申し込むだけですぐに利用できる！（※2）

④追加料金は一切なし!

通常、Google ショッピングではクリック単位で課金されるが、「Google ショッピング掲載サービス」を利用すれば、月額540円（税込）以外の料金は発生しない！（※3）

※1／月額540円（税込）÷ 30日で計算した場合の金額。
※2／申し込みの際にご利用料金としてオプションポイントが必要。Google Merchant Center 及びAdWords の利用時は別途設定が必要になる。
※3／ショップ独自にGoogle AdWords で上限単価を1円以上増額した場合、別途利用料金がGoogle AdWords より請求される。

商品掲載と集客の流れ

カラメルに出店する

❶カラメル出店のページにアクセスする

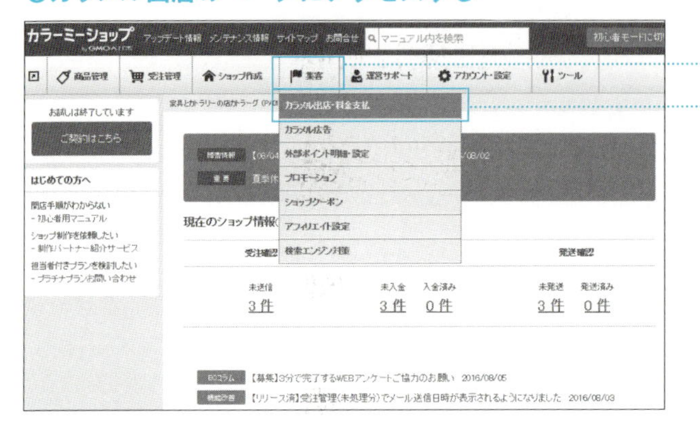

❶「集客」にカーソルを合わせます。

❷「カラメル出店・料金支払」をクリックします。

❷カラメルへの出店を申し込む

❶「カラメルへの出店はこちら」をクリックします。

❸カラメルの出店設定プラン選択を行う

ADVICE

カラメルに反映されるまでに24時間かかる

カラメルのデータは定期的(通常は24時間以内)に更新されるため、商品登録や更新を行ってから、すぐには反映されないので注意。

❶「出店する」を選択します。

❷出店プランを選択します。

❸ショップのカテゴリーを選択します。

❹検索用キーワードを入力します。半角カンマで区切ることで、複数の検索用キーワードを設定できます。

❺ショップの説明を入力します。

❻「更新」をクリックします。

ADVICE

カラメルのふたつの出店プラン

カラメルには「販売手数料プラン」と「クリック課金プラン」のふたつの出店プランが用意されています。
「販売手数料プラン」は、商品が売れた分に応じて販売手数料が発生するプランです。カラメルに訪れたあと、30日以内にショップに訪れて商品を購入した場合や、検索エンジン経由やブラウザのお気に入り経由でショップに訪れたあと、ショップのカート画面で「GMOポイント」にログインして購入した場合にポイント付与料が発生します。販売手数料はいずれも商品代金の3.5%となっています。
一方の「クリック課金プラン」は、対象ページをクリックした際に、1クリックごとに32円(税込)の料金が発生するプランです。対象のページになるのは、カラメルの「商品詳細ページ」、「ショップ詳細ページ」「特集ページ・商品紹介ブログ」「メールマガジン」です。また、経由するメディアや商品購入者のログイン状況によって、クリック料金とは別に、商品代金の1%のポイント付与料(GMOポイントの付与率が1%の場合)が発生します。ポイント付与率を変更している場合は、変更しているポイント付与率の増分がプラスされます。
なお出店プランの変更は1カ月単位で、手続きした月の翌月からプラン変更が反映されます。また、PC版、スマホ版、モバイル版ごとに別々の出店プランを選択することはできません。

Googleショッピング商品掲載サービスに申し込む

❶「プロモーション」にアクセスする

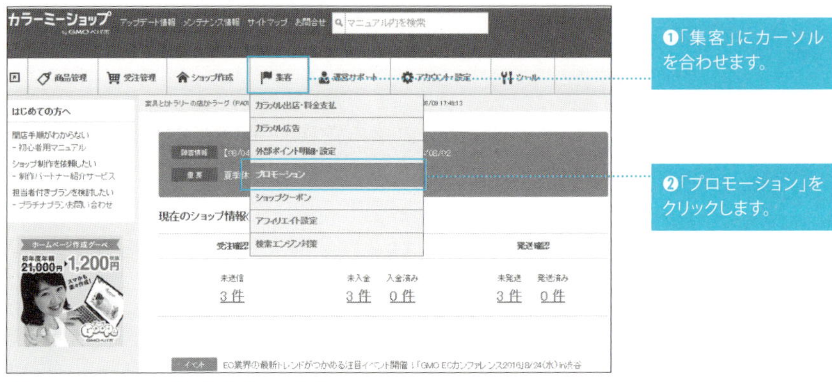

❶「集客」にカーソルを合わせます。

❷「プロモーション」をクリックします。

❷カラメルへの出店を申し込む

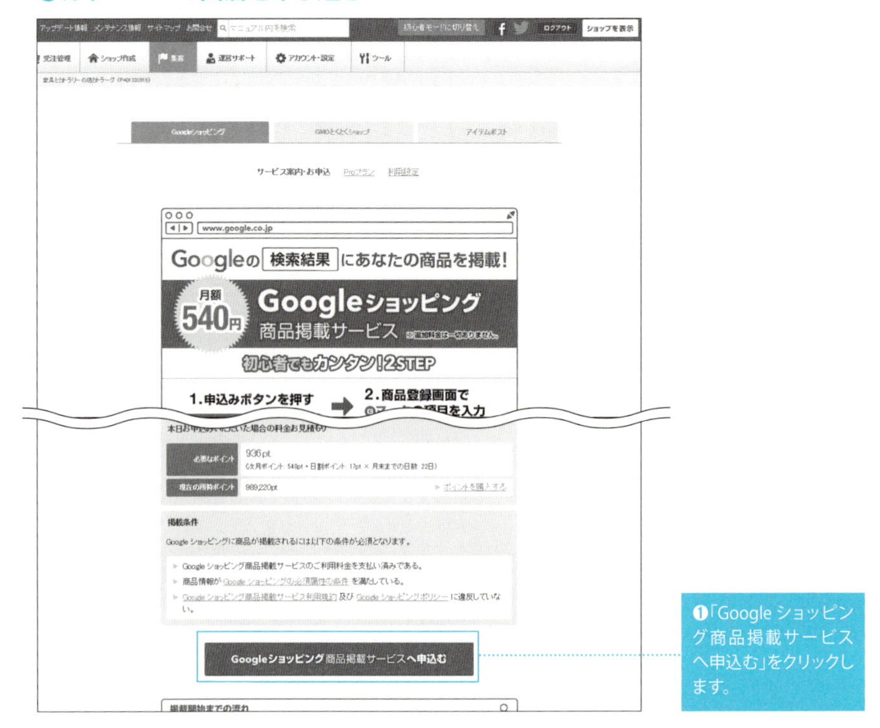

❶「Googleショッピング商品掲載サービスへ申込む」をクリックします。

❸ポイントの引き落としを承認する

❶「OK」をクリックします（あらかじめ、「アカウント・設定」→「オプションサービス」→「ポイント購入」からポイントを購入しておく必要があります）。

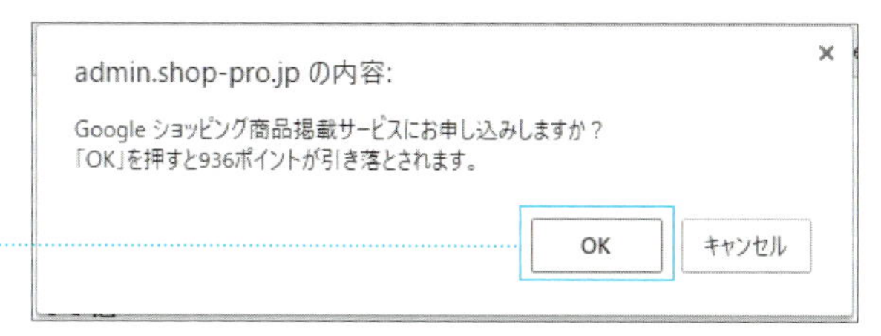

❹申し込みが完了したことを確認する

❶申し込みが完了したことを確認します。

❺「Googleショッピング用商品情報を登録」を行う

❶210ページ手順❷の画面を開きます。

❷「Google ショッピング用利用設定を行う」をクリックします。

❻Google ショッピングへの掲載を待つ

Googleショッピングに掲載されるまでに最大78時間かかります。

❼「Googleショッピング」や「Google」の検索結果に掲載される

<Googleショッピング>

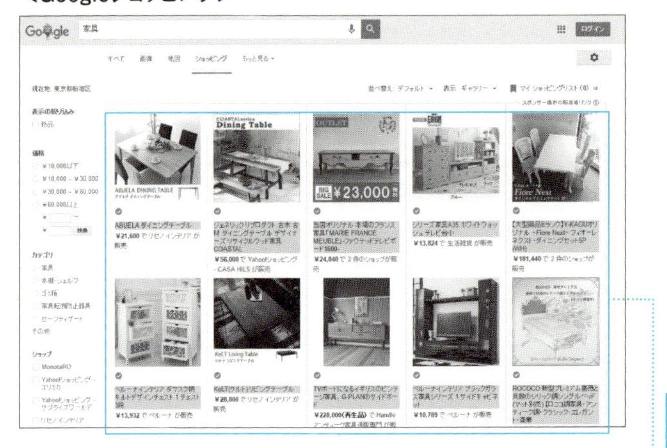

<Google>

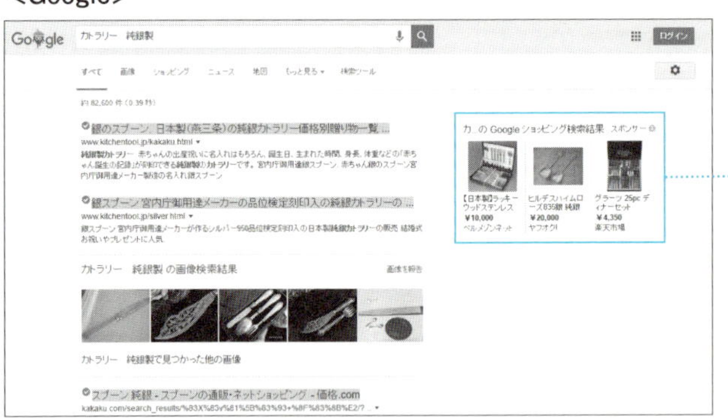

❶「Google ショッピング」や「Google」の検索結果に商品が表示されます。

ADVICE

検索結果に表示されるのは大きな武器になる!

Google ショッピングは、同一の商品の価格が比較できるなど、お客様にとって便利な機能が備わっています。日本での検索シェアでは、「Yahoo! Japan」とともに2大勢力となっている「Google」ですから、その検索結果や「Google ショッピング」に商品が表示されることは、ショップを始めたばかりの人にとって大きな武器になるでしょう。

ユーザーが検索するときに入力したワードに関連する商品が、「Google」では検索結果の横に、「Google ショッピング」では検索結果として表示されます。いずれも商品写真や商品名をクリックすると、ショップのページに飛ぶようになっています。

Googleショッピング用の設定を行う

以下の設定は必須ではありませんが、設定するとGoogleショッピングをより効果的に活用することができます。

❶Google ショッピング用利用設定を行う

❶「Google Merchant Center の利用設定を設定する」をクリックします。

❷グーグルアカウントを入力する

ADVICE

Googleアカウントを作成しておこう

「Google ショッピング用利用設定」を行う場合は、Google アカウントが必要です。

❶ Google アカウント(***@gmail.com) を入力します。

❸Google AdWordsを申し込む

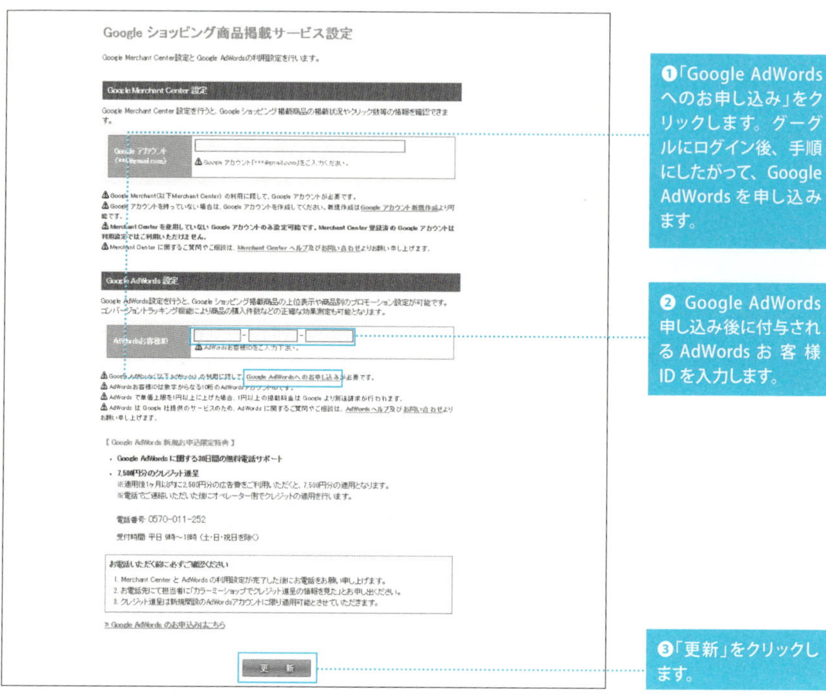

❶「Google AdWordsへのお申し込み」をクリックします。グーグルにログイン後、手順にしたがって、Google AdWordsを申し込みます。

❷ Google AdWords申し込み後に付与されるAdWordsお客様IDを入力します。

❸「更新」をクリックします。

❹Google AdWordsを申し込む

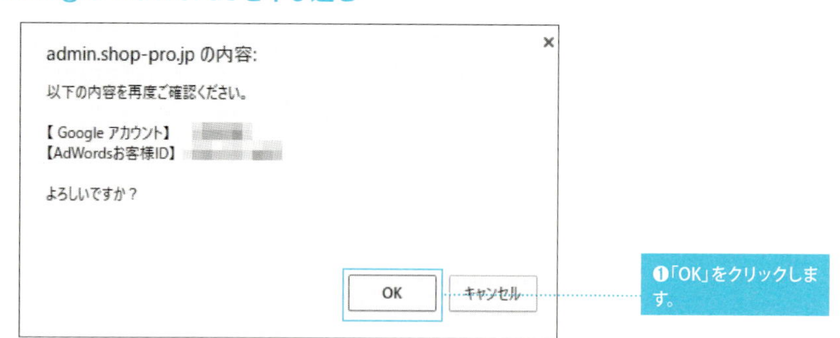

❶「OK」をクリックします。

⑤「コンバージョン設定」をクリックする

❶ 213 ページ手順❶の画面に戻ります。

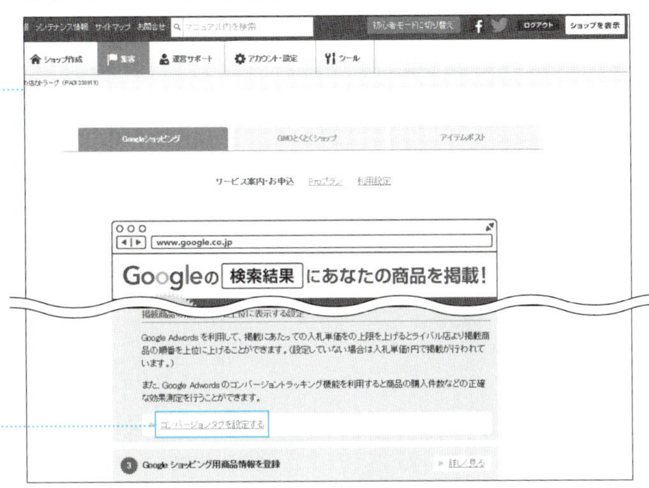

❷「コンバージョン設定」をクリックします。

⑥コンバージョンタグを設定する

❶コンバージョンタグを入力します。

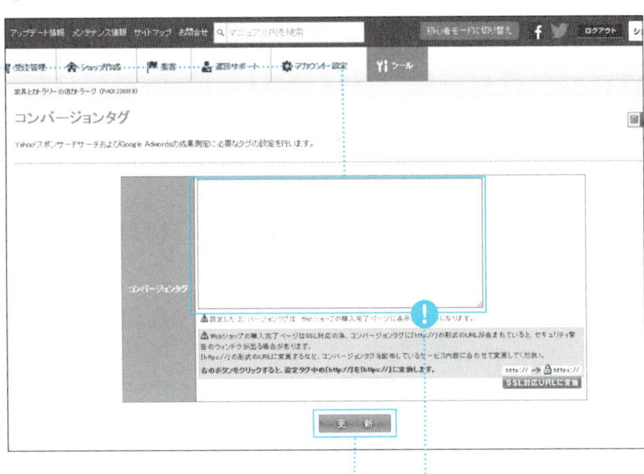

❷「更新」をクリックし、表示されるダイアログの「OK」をクリックします。

ADVICE

コンバージョンタグとは?

コンバージョンタグを設定すると、売れた商品のうち何%が広告経由で売れたかがわかります。ただし、専門的な知識が必要です。

ADVICE

コンバージョンタグの設定方法

以下の 5 つのタグを設定できます。
<{$order_no}>…受注 ID
<{$order_price}>…商品総額(消費税込)
<{$order_count}>…商品総数
<{$members_id}>…顧客 ID
<{$order_products_id}>…商品 ID

必ず <script> ~ </script> のなかに記載します。<script> タグを正しく記載しないと正常に動作しないので注意しましょう。

●独自タグの設定例

```
<script>
<{$order_no}>
</script>
```

PART 5

フェイスブックにショップのページをつくる

フェイスブックでショップページをつくろう

SNSは重要なプロモーション手段です。なかでもフェイスブックは全世界で16億5000万人、日本国内だけでも2400万人が利用する世界最大のSNSです。

すでに個人でフェイスブックを利用している人であれば、かんたんにショップページをつくることができます。もし、フェイスブックにアカウント登録していない場合は、かんたんなのでアカウント登録しておきましょう。フェイスブックを利用すれば、ショップの存在を日本国内はもとより、全世界に無料で発信できるわけですから、プロモーション手段として優秀なツールといえます。

フェイスブックにページをつくるメリットは、どこにあるのでしょうか。

まず、その最大のメリットは、無料でページをつくれる点にあります。

そして、ショップのページに「いいね！」を押してくれたファンと直接、コメントなどでやりとりできるため、お客様とダイレクトにやりとりできるのもメリットです。もちろん、ブログなどでも直接のやりとりはできますが、フェイスブックは基本的に実名で登録するため、匿名でやりとりできるブログなどとは異なり、ポジティブな反応が多いため、やりとりに誹謗中傷などが少ないのもメリットです。

また、発信した情報が「シェア」などの機能によって、拡散する仕組みがあるため、ショップのファンになってくれた人が、その友達にショップの情報を拡散してくれることで、より多くの人に情報を伝えることができるのもフェイスブックならではのメリットといえます。

このように独自のコンテンツの発信を無料でかんたんにできるなど、メリットが多いフェイスブックを、ショップのことを知ってもらうために利用しない手はありません。

なお、たくさんの設定項目がありますが、それらはフェイスブック内のヘルプページなどを参考に設定してください。

PART1 PART2 PART3 PART4 PART5

Facebookにショップページをつくる

Facebookにアカウント登録する

❶Facebook（https://www.facebook.com/）にアクセスする

❶ Facebook（https://www.facebook.com/）のトップページを表示します。

❷「Facebook ページを作成」をクリックします。

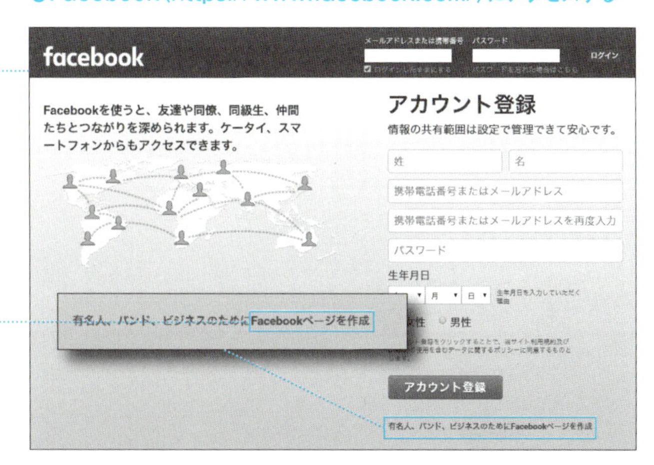

❷Facebookのページタイプを選択する

❶「ブランドまたは製品」をクリックします。

❸ページタイプの詳細を選択する

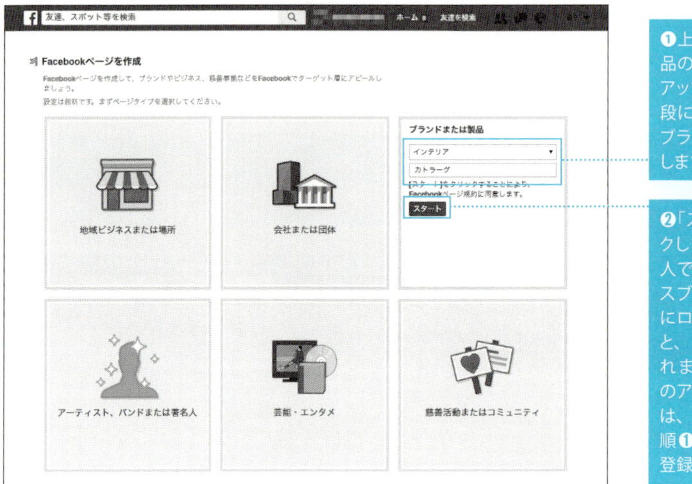

❶上段では取り扱う商品のジャンルをポップアップから選択し、下段には、ショップ名やブランド名などを入力します。

❷「スタート」をクリックします。このとき個人で使っているフェイスブックのアカウントにログインしていないと、ログインを求められます。まだ個人用のアカウントがない人は、218ページの手順❶の画面から新規登録しておきます。

❹基本データを設定する

❶ショップのフェイスブックの説明を記入します。

❷ショップページのURLを入力します。

❸フェイスブックの固有ユーザーネームを設定します。

❹「情報を保存」をクリックします。

❺プロフィール写真をアップロード、インポートする

❶プロフィール写真の入手先を「コンピュータからアップロード」か「ウェブサイトからインポート」を選び、画像を指定して、アップロードまたはインポートすると、左側に画像が表示されます。

❷「次へ」をクリックします。

TECHNIQUE

お気に入りに追加するとアクセスがしやすい

お気に入りに追加すると、自分のアカウントからショップページにアクセスするのがかんたんになるので便利です。

❻お気に入りに追加する

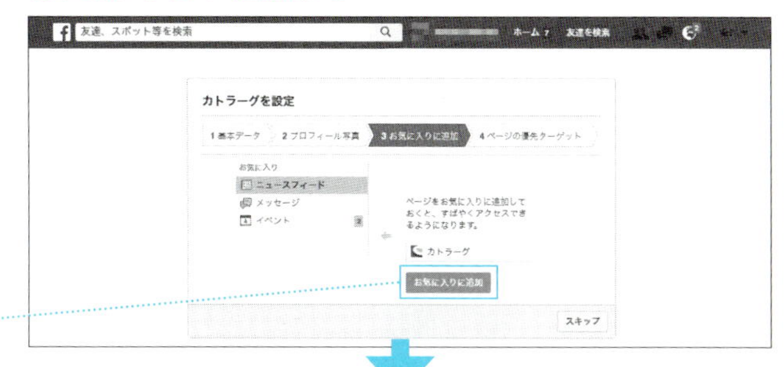

❶「お気に入りに追加」をクリックします。

❷「お気に入り」に追加されたこと確認します。

❸「次へ」をクリックします。

❼地域やターゲットなどを設定する

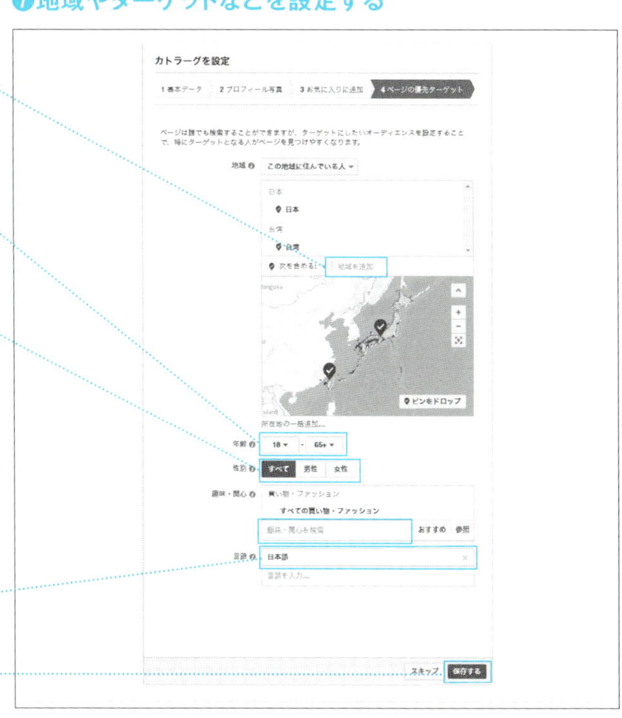

❶「地域」を設定します。ターゲットにしたい国や都道府県、市区町村、郵便番号などを入力します。外国も対象にできます。

❷ターゲットにする年齢を設定します。

❸ターゲットにする性別を「すべて」「男性」「女性」のいずれかを選択します。

❹ターゲットにする人の「趣味・関心」欄に文字を入力すると自動的に候補が表示されるので選択します。

❺ターゲットにする言語を設定します。

❻「保存する」をクリックします。

❽ショップページが表示される

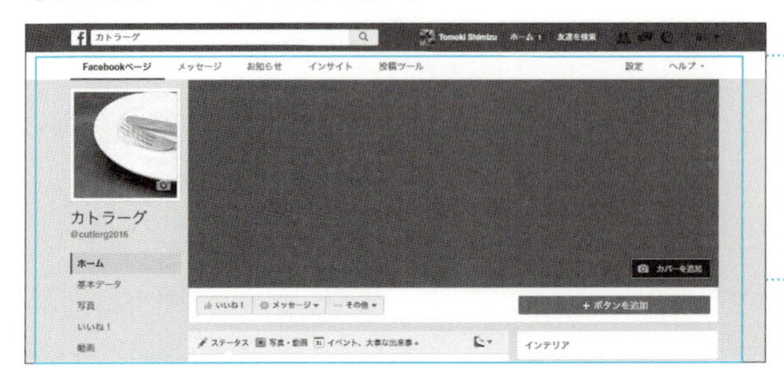

❶ショップのフェイスブックページが表示されます。

❷個人のアカウントのページと同様に、カバー写真の追加や、基本情報など設定しましょう。

❾ボタンを追加する

❶「＋ボタンを追加」をクリックします。

❿ボタンを選択して必要事項を入力する

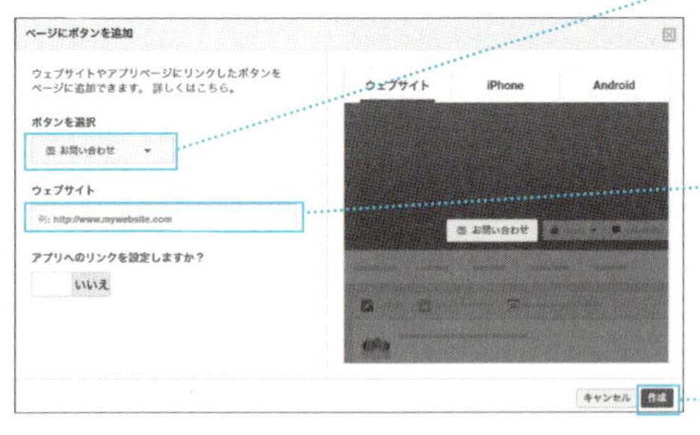

❶ポップアップに表示される「お問い合わせ」「予約する」「今すぐ電話」などから追加したいボタンを選択します。

❷追加するボタンに必要なURL、電話番号などを入力します（追加するボタンによって入力項目が自動的に変わります）。

❸「作成」をクリックします。

⓫追加されたボタンを確認する

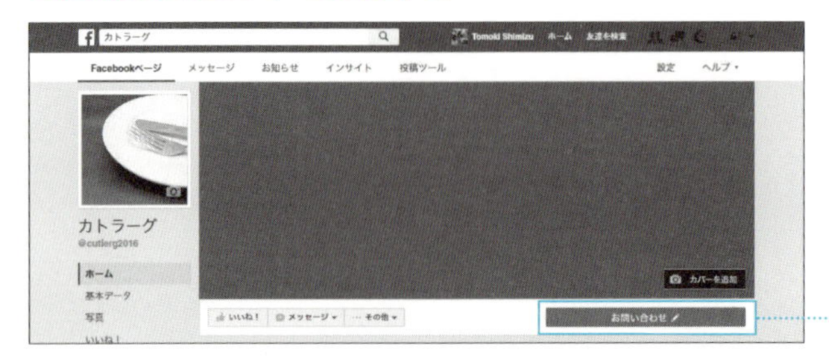

❶ボタンが追加されていることを確認します。

管理者、編集者を追加する

❶管理者ページを追加する

❶「ページ管理者を追加」をクリックします。

❷管理者を追加する

❶追加したい人の氏名を入力します（追加したい人があらかじめファイスブックにアカウントを開設しておく必要があります）。

❷保存する」をクリックします。

TECHNIQUE

管理者を追加すると複数人で書き込める

複数の人でショップページを管理したい場合は、ページ管理者を追加することで、ページのすべてを管理することができます。「編集者」を選択すると、ページの編集、ページとしてのメッセージの送信、投稿の作成、広告の作成、投稿またはコメントの作成者の確認が行えます。

❸追加された管理者を確認する

❶追加されたことを確認します。

Facebookに カラーミーショップのアプリを導入する

❶カラーミーショップ専用アプリを探す

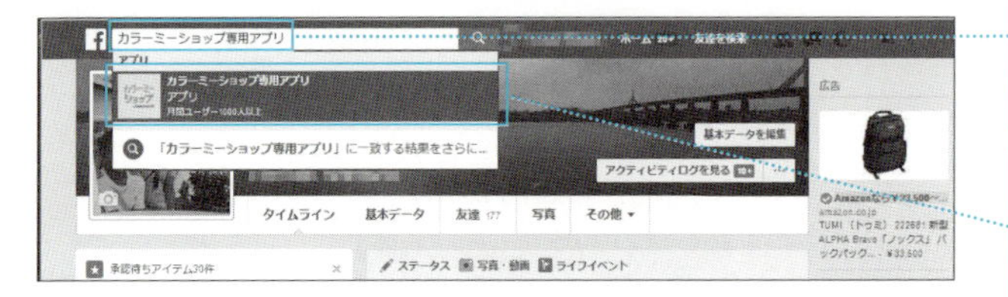

❶ Facebookの検索窓に「カラーミーショップ専用アプリ」と入力します。

❷検索窓の下に自動表示される「カラーミーショップ専用アプリ」をクリックします。

❷カラーミーショップ専用アプリを追加する

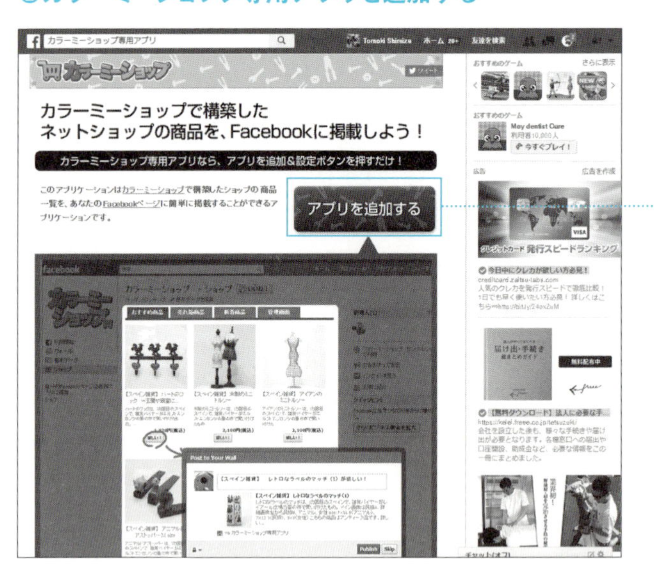

❶「アプリを追加する」をクリックします。

❸ページタブを追加する

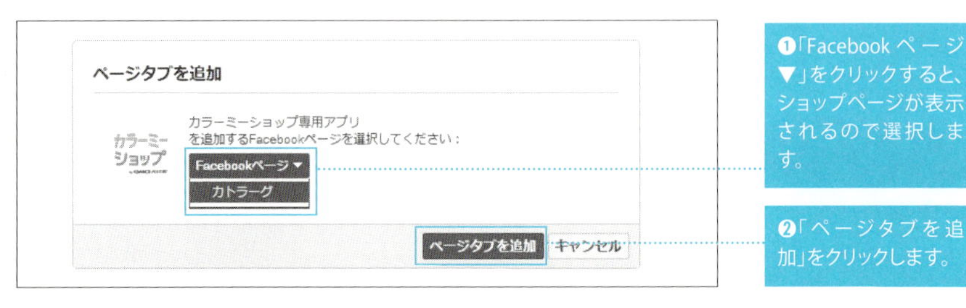

❶「Facebookページ▼」をクリックすると、ショップページが表示されるので選択します。

❷「ページタブを追加」をクリックします。

❹ショップページにアクセスする

❶「ショップ」をクリックします。

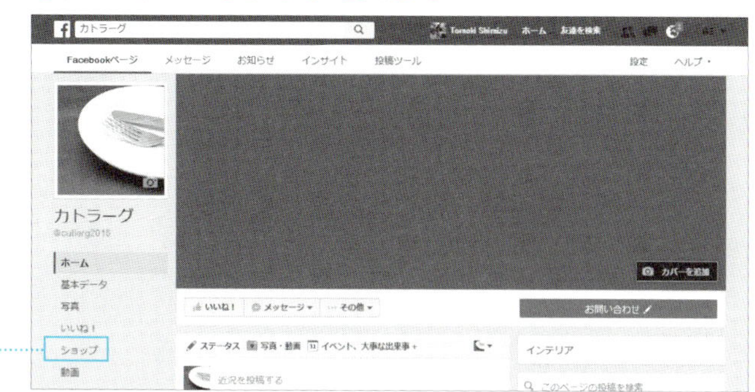

❺ショップのドメインを設定する

❶「管理画面」タブをクリックします。

❷ショップの URL を入力します。

❸「登録」をクリックします。

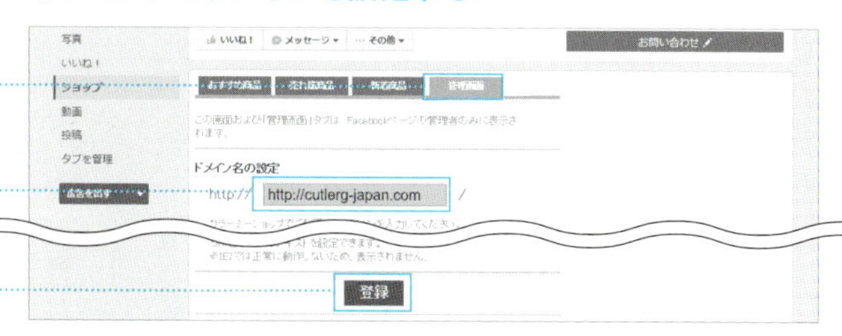

❻Facebookの「ショップ」を表示する

❶「ショップ」をクリックします。

❷「おすすめ商品」「売れ筋商品」「新着商品」画面」タブをクリックします。

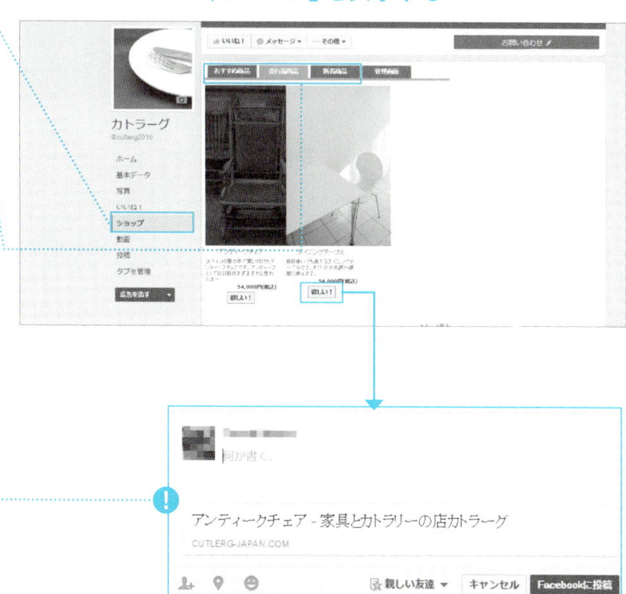

TECHNIQUE

「欲しい!」ボタンを押してもらおう!

ショップページを見た人が「欲しい!」ボタンをクリックすると、商品に関するコメントの入力画面が開きます。コメント入力して「Fasebook に 投 稿 」をクリックすると、商品画像、詳細説明とともにコメントがその人のタイムラインに投稿されます。多くの人に投稿してもらえるように工夫しましょう。

PART 5

アフィリエイトを使って売り上げを伸ばす

アフィリエイトを始めるならASPに登録が必要

アフィリエイト（Affiliate）広告は、「成功報酬型広告」ともいわれるネット広告のひとつで、費用対効果の高いことから人気の広告手法となっています。

広告主（マーチャント）になって、AS（アフィリエイト・サイト）と呼ばれる他のウェブサイトやメールマガジンにリンクやバナーを貼ってもらいます。そこを訪れた閲覧者がリンクやバナーをクリックしたり、商品を購入すると、その成果に応じてウェブサイトやメールマガジンの管理者に報酬を支払います。

アフィリエイトを利用するには、まずASP（アフィリエイト・サービス・プロバイダ）と呼ばれる専門業者に登録する必要があります。カラーミーショップでは、6社のASPと提携を結んでおり、なかにはカラーミーショップ会員だけの割引価格で利用できるASPもあります。

気になる費用ですが、国内最大級のASPであるA8ネットのPC&スマホ向けプログラムでは、初期導入費は5万4000円、基本管理費は月額4万3200円（いずれも税込）、これに自分で決めた成果報酬を支払うことになります。

成果報酬は大きく分けて、「表示報酬」、「クリック報酬」、「アクション報酬」の3つがあります。

表示報酬は「出稿した広告が表示されるだけで報酬が発生」します。クリック報酬は「バナー、テキストリンクなどがクリックされた回数に応じて報酬が決定」します。アクション報酬は出稿者が「商品が実際に売れた場合」といったようにあらかじめ成果に対する報酬を設定し、その成果が実現されると報酬の支払いが発生するものです。

高い固定費がかかるのは難点ですが、もし余裕があるなら売上アップを目指して導入を検討してもいいでしょう。

なお、逆にASとなってショップブログにアフィリエイトのバナーやリンクを貼ることで広告収入を得るといった使い方も可能です。

カラーミーショップが提携する 6つのアフィリエイトプログラム

PC＆スマホ　http://www.a8.net/

A8.net

初期費用	54,000円（税込）
月額費用	～43,200円（税込）
成果報酬	広告主（あなた）が独自に決めた金額

PC　https://www.linkshare.ne.jp/TG/

TGアフィリエイト

初期費用	52,500円（税込）
月額費用	33,600円（税込）
成果報酬	広告主（あなた）が独自に決めた金額
保証金	200,000円

PC＆モバイル

JANet

【PC】http://j-a-net.jp/

Smart-C

【モバイル】http://smart-c.jp/

【Smart-C/JANet】セットの場合

初期費用	42,000円（税込）
月額費用	31,500円（税込）

【Smart-C/JANet】どちらか単体のプラン

初期費用	31,500円（税込）
月額費用	21,000円（税込）

モバイルのみ　http://moba8.net/

Moba8.net

初期費用	54,000円（税込）
費用	3カ月前納コース　126,000円（税込）
	6カ月前納コース　189,000円（税込）
	12カ月前納コース　315,000円（税込）
成果報酬	広告主（あなた）が独自に決めた金額

PC＆モバイル　https://www.affiliate-b.com/

Affiliate B

初期費用	52,000円（税込）
月額費用	PCのみ　42,000円（税込）
	モバイルのみ　42,000円（税込）
	PC・モバイルセット　42,000円（税込）

※契約は6カ月間から

成果報酬	広告主（あなた）が独自に決めた金額

PC＆モバイル　http://www.e-click.jp/

e-click

初期費用	0円（ビジネスプラン）
	10,500円（税込、フリープラン）
月額費用	10,500円（税込、ビジネスプラン）
	0円（フリープラン）
成果報酬	広告主（あなた）が独自に決めた金額／利率
保証金	30,000円（税込）

KEYWORD

成功報酬型広告

インターネット上で利用される広告の方式のひとつ。バナー広告やテキストリンクなどを通してユーザーがホームページを訪れ、その訪れたホームページで販売されている商品を注文したり、資料請求を行うなど一定の成果があった場合に広告料が発生する仕組みのこと。広告を掲載しているホームページ側に支払われる報酬は、成果によって変わるが、広告主にとっては、成果がなければ広告費の支払いが発生しないため、費用対効果がわかりやすいのがメリット。「アフィリエイト」も成果報酬型広告の一種。

PART 5

メールマガジンを発行しよう

メルマガを発行するときに気をつけることとは

実店舗のチラシやダイレクトメールにあたるのが、ネットショップではメールマガジン（メルマガ）になります。

メルマガの最大のメリットは「安い」ことです。チラシであれば制作や印刷に費用がかかるうえに郵送料も必要ですが、メルマガはコストがかかりません。配信すればすぐにお客様に届きますし、同時に複数の人に送信できるのも魅力です。メールの本文に商品ページのURLを貼り付けておけば、1回クリックしただけでショップ内の商品ページに誘導でき、購入に結び付けられますから、メルマガを活用しない手はありません。

一方でメルマガを受信する立場で見た場合に、「メルマガなんて、ほとんど見ない」という人も少なくないでしょう。場合によっては、スパムメールと同様にゴミ箱に直行というケースもあります。

そうならないためにも、配信したメルマガをお客様に開封していただくためには工夫が必要です。

メルマガの配信頻度が多すぎるとメールの多さに辟易して配信を停止する人が増えますし、配信をしなければショップの存在を忘れられてしまいます。〝売りたい〟気持ちばかりが書かれたものでは、お客様は読み続けてはくれません。お客様目線に立って、興味を持ってもらえるような内容を考えましょう。

カラーミーショップにはメルマガを送信できる機能が無料で標準されていますが、「有料プラン（月額324円、税込）」も用意されています。

「無料プラン」はアドレス帳に1万件まで登録、1時間1回までの配信、月間配信数10万件までですが、「有料プラン」ならアドレス帳に10万件まで登録、1時間5回までの配信、月間配信数100万件までとなっています。

また、無料プランではできない「HTMLメール」「CSVからアドレス帳作成」が可能です。

メルマガは便利なツールです。上手に活用して売上アップを目指しましょう。

すぐにできるメルマガ配信の3つの工夫

①タイトルが重要

メールマガジンをお客様に開封してもらうには、興味をひく「タイトル」が重要です。思わず開封したくなる「タイトル」がなければ開封してもらえず、即ゴミ箱行きになってしまいます。お客様はどんなタイトルだと思わずクリックしたくなるかをよく考え、訴求力がある言葉で端的にタイトルをつけることが大切です。

○ 「会員様には今だけ!　期間限定全商品20%オフ!」

「会員様には今だけ」というフレーズに「特別感」があり、「全商品20%オフ」と内容が具体的。

× 「全商品で割引を実施中!」

どれぐらいの割引かを示す具体的な数字がないため、お客様を引きつける力に欠ける。

②差出人の設定も大事

お客様の受信箱には、差出人欄に送信者（つまりショップ）の名前が表示されます。この設定を行わなかったり、適当な名前を入れてしまうと、お客様に怪しいメールと判断され、読んでもらえない確率が高くなります。

○ 差出人:カバンとスーツケースの専門店　山田商店

店名が書かれているだけでなく、何を売るショップかも明示しているため、お客様の安心感は高い。

× 差出人:お客様センター

どのショップのお客様センターかわからない。スパムメールでもこのような差出人名が使われるためお客様は開封しづらい。

③配信するターゲットを明確にする

男性と女性、新規顧客とリピーター、年代別といったように配信ターゲットを明確にしたメルマガのほうが効果が上がります。お客様側からすると興味のないメルマガが少なくなるというメリットも。

KEYWORD

スパムメール

一般に日本語では「迷惑メール」と呼ばれるメールのこと。受信者の承諾なく、無差別かつ大量に一括して送信される広告メールで、「ジャンクメール」「バルクメール」と呼ぶこともある。

HTMLメール

電子メールをウェブページに使うHTMLで記述したもので、通常の電子メールでは表現できない画像の埋め込みや文字色やフォントサイズの変更などができるのが特徴。しかし、HTMLを悪用したコンピュータウイルスがあるため、HTMLにする必然性がないかぎり、HTMLメールの使用は控えるべきという意見もある。

メールマガジンを発行する

❶メールマガジンをクリックする

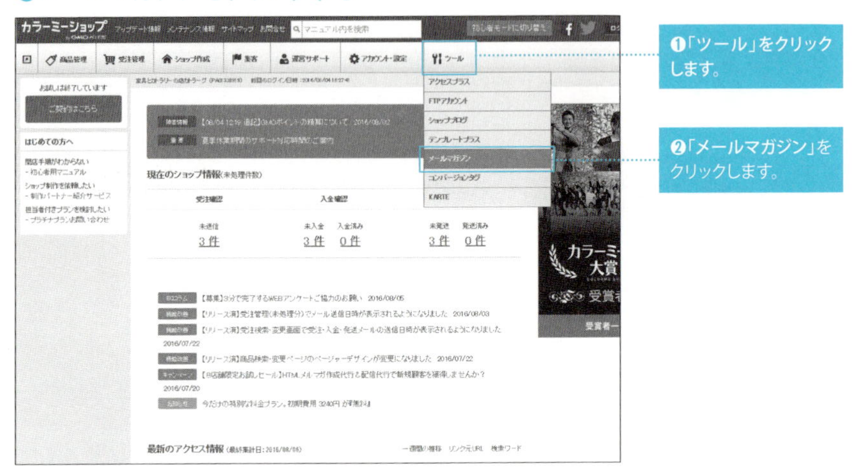

❷配信手続きを始める

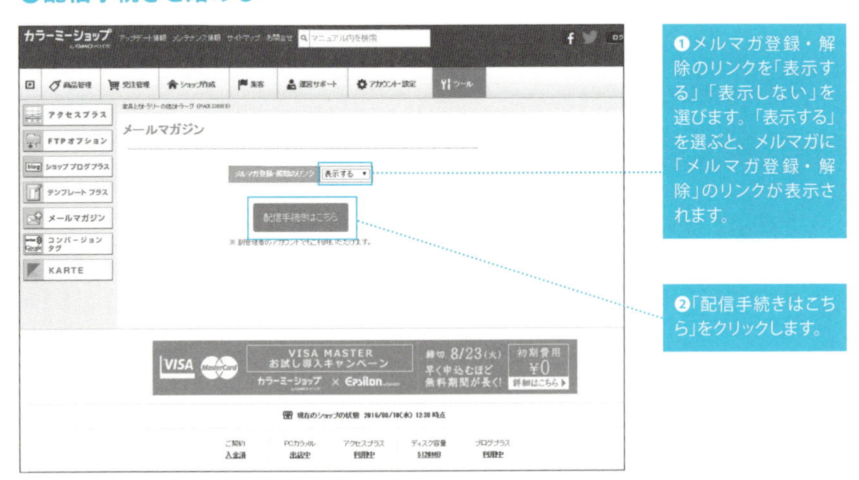

❸アドレス帳作成を始める

❶「1.アドレス帳作成」をクリックします。

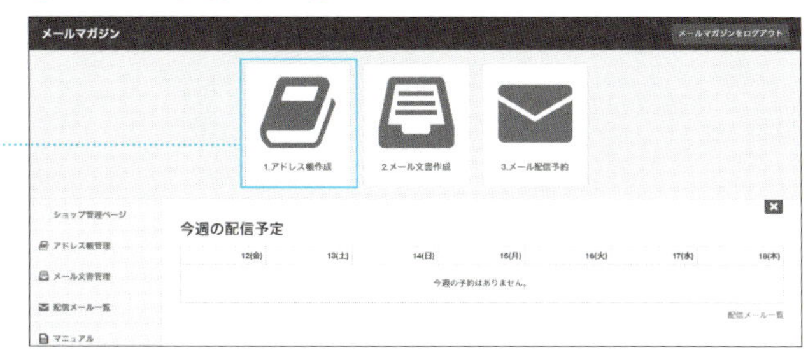

❹アドレス帳を新規作成する

❶「新規作成する」をクリックします。

❺アドレス帳の名称を決める

❶「アドレス帳名」にアドレス帳の名称を入力します。

ADVICE

「メールアドレス連携」とは?

「メールアドレス連携」をすると、ショップに登録している顧客やメールマガジンに登録している顧客のメールアドレスを自動的に読み込めます。

❷「新規作成」をクリックします。

❻メールマガジンのアドレス帳に送信先アドレスを追加する

❶メールマガジンの送信先のメールアドレスを入力します。

❷「新規追加」をクリックします。

ADVICE

CSVファイル追加は有料プランのみ

CSVファイルを読み込ませることで大量のメールアドレスを一度に登録できます。ただし、有料プランのみの機能です。

❸ここに追加したメールアドレスが表示されます。

❼メルマガの文書作成を始める

❶「2. メール文書作成」をクリックします。

ADVICE

無料プランと有料プランの機能の違い

カラーミーショップのメルマガ機能は、無料ながら充実した機能を備えていますが、月額324円(税込)で利用できる「有料プラン」も用意されており、さらに機能が充実しています。「無料プラン」と「有料プラン」の違いは右表にまとめていますが、機能面での違いは大きく2つあります。有料プランには、より多彩な表現が可能な「HTML形式」のメールを送ることができる機能と、CSVからアドレス帳を作成できる機能が付加されています。
ネットショップを開店した直後は無料プランでも十分すぎるくらいの機能ですので、ネットショップの運営が軌道に乗ったら、有料プランにすることを検討しましょう。

サービス名	無料プラン	有料プラン
アドレス帳に登録できるメールアドレス数	1万アドレス	10万アドレス
月間配信数	10万通	100万通
配信制限（時間）	1時間1回	1時間5回
予約配信	○	○
テスト送信	○	○
対象者絞り込み	○	○
テキスト形式	○	○
HTML形式	×	○
CSVからのアドレス帳作成	×	○
利用料金／月	0円	324円（税込）

❽メルマガの文面を作成する

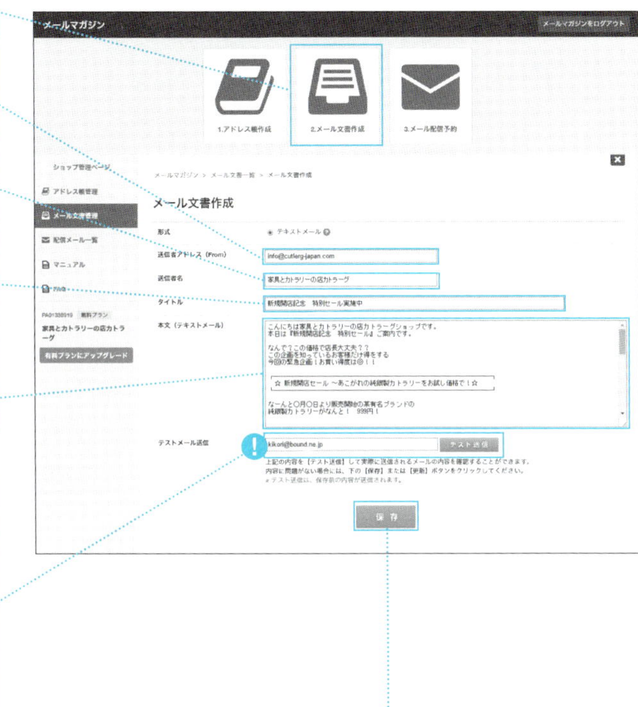

❶「2.メール文書作成」をクリックします。

❷「送信アドレス(from)」にメールアドレスを入力します。

❸「送信者名」にショップ名などを入力します。

❹「タイトル」にメルマガのタイトルを入力します。

❺「本文(テキストメール)」にテキストを入力します。

ADVICE

メルマガを送る前に必ず「テスト送信」を!

メルマガを書いたら、お客様に送信する前に、必ず自分宛てにテスト送信して、間違いがないかチェックする習慣をつけましょう。

❻「保存」をクリックします。

❾メールの配信予約する

❶「3.メール送信予約」をクリックします。

⑩メールの配信予約を設定する

❶「アドレス帳一覧」からメールを送信するアドレス帳を選択します。

❷「メール文書」から送信するメルマガを選択します。

❸「次へ」をクリックします。

⑪メールの配信日時を設定する

❶「3. メール配信予約」をクリックします。

❷配信日時・時間から1週間先までの送信日と時間を選択します。

❸「次へ」をクリックします。

⑫メールの送信予約を確認する

❶配信する内容や日時・時間を確認します。

ADVICE

配信の取り消しは30分前までに!

メルマガの配信の中止や配信日時の変更は、配信予約した時間の30分前に行わないといけないので注意しましょう。

メールアドレス連携でアドレス帳をかんたんに作成する

❶メールアドレス連携を始める

❶ 229ページの手順❸の画面を表示させます。

❷「メールアドレス連携」をクリックします。

❷メールアドレス連携する対象を決定する

❶アドレス帳の名称を入力します。

❷メールアドレス連携させる対象にチェックを入れます。

TECHNIQUE

ターゲットを絞ったリスト作成もできる!

「さらに詳しく絞り込む」をクリックすると、ユーザー登録の有無、都道府県、購入商品のカテゴリー、購入商品のグループ、購入時期からリストの対象者を絞り込めます。

❸「アドレス帳作成」をクリックします。表示されるダイアログの「OK」をクリックします。

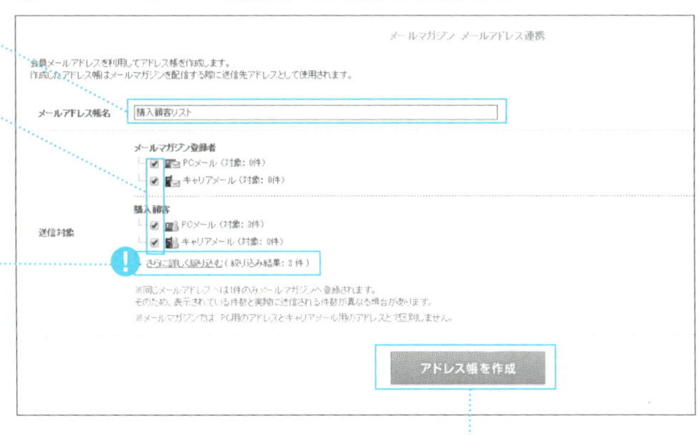

❸アドレス帳が作成されているか確認する

❶「アドレス帳一覧」にリストが表示されます。

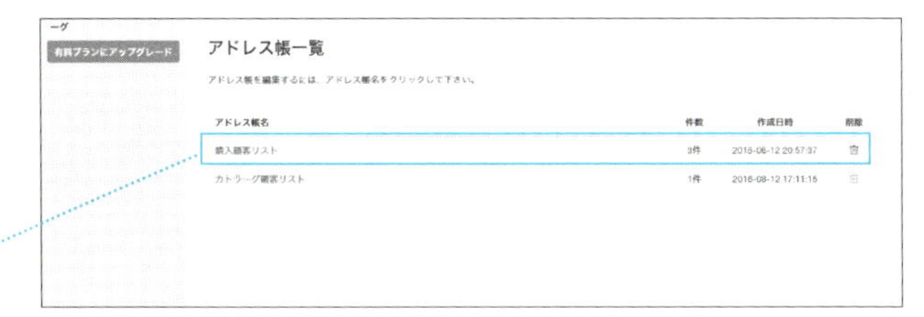

PART 5

集客力を上げるために SEOを行う

検索結果で上位に表示させるなら必須の知識

「SEO（検索エンジン最適化）」とは、ヤフー!やグーグルなどの検索エンジンの検索結果で、自分のネットショップのサイトが上位に表示されるようにすることです。

インターネットで何かを買おうとしたとき、検索エンジンを使って検索するのが一般的です。たとえば、あなたが「時計」を売っているとします。検索エンジンに「時計」と入力して検索したときに、あなたのショップが検索結果の最初に表示されるのと、100番目に表示されるのでは、大きくアクセス数が異なってきます。最初の10番目までをクリックする確率は80%以上ですが、31番目以降だとクリックされる確率は、なんと5%以下という調査結果（ディテイルクラウドクリエイティブ調べ）もあります。

日本の検索エンジンのシェアは、ヤフー!とグーグルで95%を超えていますが、ヤフー!はグーグルのシステムを採用しているため、SEOをする対象は実質的にグーグル1社だけで十分です。

そのSEOは、ショップ内のコンテンツなどを最適化する「内部対策」と他サイトからリンクを設定してもらう「外部対策」のふたつに分けられます。

検索結果の上位表示を目指すSEOはさまざまなウェブサイトで行われており、ウェブ知識がない人が実施しても、すぐに結果が出るほどかんたんではなくなっています。しかも、検索結果の上位に表示されるようになっても、アルゴリズムが変更されたり、競合サイトがSEOを実施したことにより、表示順位が下がることがあるため、常に上位に表示されるためには定期的にメンテナンスする必要があります。

SEOを専門に請け負うSEO業者があるので業務委託するのもひとつの方法です。業者によって料金は数万円〜数十万円と差があり、実力もさまざまです。金額が高い＝効果が高いとはかぎらないので、インターネットなどで業者を探してみるといいでしょう。

SEO（検索エンジン最適化）とは

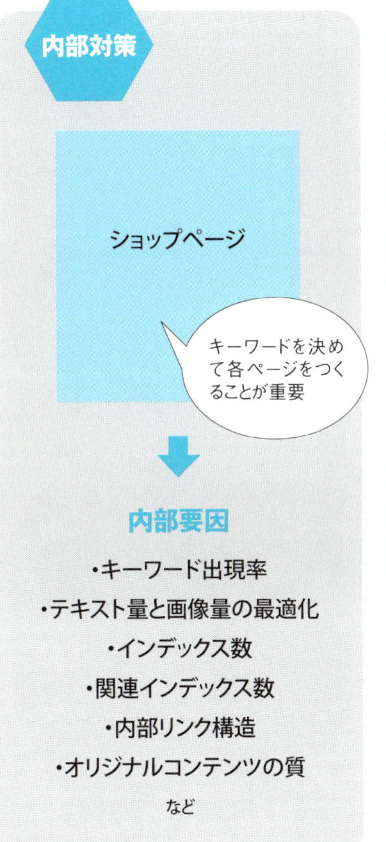

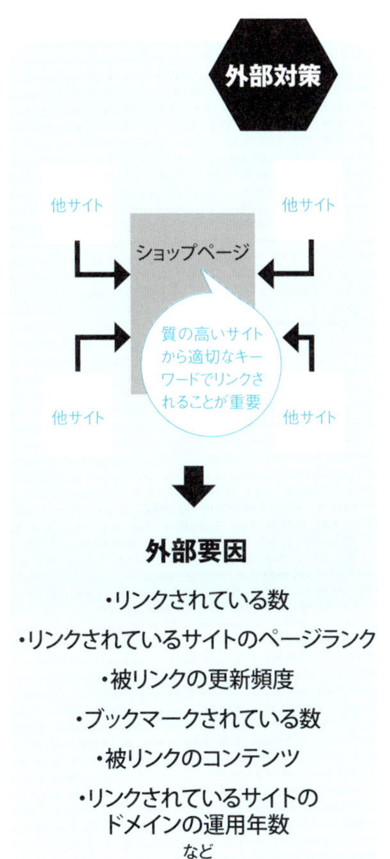

KEYWORD

アルゴリズム

ある特定の問題を解いたり、課題を解決したりするための計算手順や処理手順のこと。SEOで「アルゴリズム」という言葉を使うときは、グーグルをはじめとする検索エンジンが検索結果でどのページを上位に表示するかのランキング付けをするための計算に用いられるランキングアルゴリズムを指すことがほとんどだ。グーグルは、ランキングアルゴリズムを年に数百回もアップデートしているといわれているが、その内容は公開されないため、どのようなアルゴリズムであるかは、はっきりしない。優秀なSEO業者はこのアルゴリズムの変更をキャッチアップしながら、より上位に表示されるような対策を行う。

索引

A-Z

あ

か

さ

た

な

は

ま

や

ら

著者紹介　バウンド
経済モノ、ビジネス関連、歴史書などを得意とする、コンテンツ制作会社。企画立案から書店先まで、書籍の総合プロデュースを手掛ける。おもな作品に『お店やろうよ！シリーズ』（技術評論社）、『いっきにわかる定年前後のお金の本』『確定拠出年金 超・入門』（洋泉社）、『日本男色物語』（カンゼン）、『やってはいけない不動産相続対策』（実業之日本社）、『ＦＸの稼ぎ方』（スタンダーズ）、『これから世界で起こること』（東洋経済新報社）ほか。

監修　佐山祐太（GMO ペパボ株式会社）
編集　有限会社バウンド
装丁・本文デザイン　山本真琴（design.m）
DTP　有限会社バウンド
カバーイラスト　はせがわめいた

お店やろうよ！㉘
はじめての「カラーミーショップ」
オープンBOOK
ネットショップ開業＆運営

2016年11月25日　初版　第1刷発行

著者　バウンド
発行者　片岡　巌
発行所　株式会社技術評論社
東京都新宿区市谷左内町 21-13
電話　03-3513-6150　販売促進部
03-3513-6166　書籍編集部

印刷／製本　日経印刷株式会社

定価はカバーに表示してあります。

造本には細心の注意を払っておりますが、万一、乱丁（ページの乱れ）や落丁（ページ抜け）がございましたら、小社販売促進部までお送りください。送料小社負担にてお取替えいたします。

ISBN978-4-7741-8491-3 C0034
Printed in Japan

本書へのご意見・ご感想は、ハガキまたは封書にて、以下の住所でお受け付けしております。電話でのお問い合わせにはお答えしかねますので、あらかじめご了承ください。

問い合わせ先

〒162-0846
東京都新宿区市谷左内町 21-13
株式会社 技術評論社　書籍編集部
『はじめての「カラーミーショップ」オープン BOOK
ネットショップ開業＆運営』感想係